SIGNIFICADOS SUBMERSOS
A CULTURA E A LÍNGUA DAS ORCAS

Editora Appris Ltda.
1.ª Edição - Copyright© 2024 do autor
Direitos de Edição Reservados à Editora Appris Ltda.S

Nenhuma parte desta obra poderá ser utilizada indevidamente, sem estar de acordo com a Lei nº 9.610/98. Se incorreções forem encontradas, serão de exclusiva responsabilidade de seus organizadores. Foi realizado o Depósito Legal na Fundação Biblioteca Nacional, de acordo com as Leis nos 10.994, de 14/12/2004, e 12.192, de 14/01/2010.

Catalogação na Fonte
Elaborado por: Dayanne Leal Souza
Bibliotecária CRB 9/2162

F866s
2024
	Freitas, Gabriel
	  Significados submersos: a cultura e a língua das Orcas / Gabriel Freitas. –
	1. ed. – Curitiba: Appris, 2024.
	  145 p. : il. ; 23 cm. – (Coleção Linguagem e Literatura).
	
	  Inclui referências.
	  ISBN 978-65-250-7170-1
	
	  1. Língua animal. 2. Cultura animal. 3. Orcas. 4. Descrição linguística.
	5. Teoria sociossemiótica. I. Freitas, Gabriel. II. Título. III. Série.
	
	                                                                          CDD – 370.14

Livro de acordo com a normalização técnica da ABNT

Appris editora

Editora e Livraria Appris Ltda.
Av. Manoel Ribas, 2265 – Mercês
Curitiba/PR – CEP: 80810-002
Tel. (41) 3156 - 4731
www.editoraappris.com.br

Printed in Brazil
Impresso no Brasil

Gabriel Freitas

SIGNIFICADOS SUBMERSOS
A CULTURA E A LÍNGUA DAS ORCAS

Appris *editora*

Curitiba, PR
2024

FICHA TÉCNICA

EDITORIAL Augusto Coelho
Sara C. de Andrade Coelho

COMITÊ EDITORIAL
Ana El Achkar (Universo/RJ)
Andréa Barbosa Gouveia (UFPR)
Antonio Evangelista de Souza Netto (PUC-SP)
Belinda Cunha (UFPB)
Délton Winter de Carvalho (FMP)
Edson da Silva (UFVJM)
Eliete Correia dos Santos (UEPB)
Erineu Foerste (Ufes)
Fabiano Santos (UERJ-IESP)
Francinete Fernandes de Sousa (UEPB)
Francisco Carlos Duarte (PUCPR)
Francisco de Assis (Fiam-Faam-SP-Brasil)
Gláucia Figueiredo (UNIPAMPA/ UDELAR)
Jacques de Lima Ferreira (UNOESC)
Jean Carlos Gonçalves (UFPR)
José Wálter Nunes (UnB)
Junia de Vilhena (PUC-RIO)

Lucas Mesquita (UNILA)
Márcia Gonçalves (Unitau)
Maria Aparecida Barbosa (USP)
Maria Margarida de Andrade (Umack)
Marilda A. Behrens (PUCPR)
Marília Andrade Torales Campos (UFPR)
Marli Caetano
Patrícia L. Torres (PUCPR)
Paula Costa Mosca Macedo (UNIFESP)
Ramon Blanco (UNILA)
Roberta Ecleide Kelly (NEPE)
Roque Ismael da Costa Güllich (UFFS)
Sergio Gomes (UFRJ)
Tiago Gagliano Pinto Alberto (PUCPR)
Toni Reis (UP)
Valdomiro de Oliveira (UFPR)

SUPERVISORA EDITORIAL Renata C. Lopes
PRODUÇÃO EDITORIAL Renata Miccelli
DIAGRAMAÇÃO Andrezza Libel
CAPA Danielle Paulino
REVISÃO DE PROVA Bianca Pechiski

COMITÊ CIENTÍFICO DA COLEÇÃO LINGUAGEM E LITERATURA

DIREÇÃO CIENTÍFICA Erineu Foerste (UFES)

CONSULTORES
Alessandra Paola Caramori (UFBA)
Alice Maria Ferreira de Araújo (UnB)
Célia Maria Barbosa da Silva (UnP)
Cleo A. Altenhofen (UFRGS)
Darcília Marindir Pinto Simões (UERJ)
Edenize Ponzo Peres (UFES)
Eliana Meneses de Melo (UBC/UMC)
Gerda Margit Schütz-Foerste (UFES)
Guiomar Fanganiello Calçada (USP)
Ieda Maria Alves (USP)
Ismael Tressmann (Povo Tradicional Pomerano)
Joachim Born (Universidade de Giessen/ Alemanha)

Leda Cecília Szabo (Univ. Metodista)
Letícia Queiroz de Carvalho (IFES)
Lidia Almeida Barros (UNESP-Rio Preto)
Maria Margarida de Andrade (UMACK)
Maria Luisa Ortiz Alvares (UnB)
Maria do Socorro Silva de Aragão (UFPB)
Maria de Fátima Mesquita Batista (UFPB)
Maurizio Babini (UNESP-Rio Preto)
Mônica Maria Guimarães Savedra (UFF)
Nelly Carvalho (UFPE)
Rainer Enrique Hamel (Universidade do México)

À minha irmã e ao meu irmão interespecíficos, Bibi e Bob, que sempre me fizeram questionar algumas linhas que nós humanos decidimos traçar.

AGRADECIMENTOS

Primeiramente, agradeço ao professor Giacomo Figueredo, que me incentivou a escrever este livro. Nos conhecemos já nos meus primeiros dias de UFOP e, desde então, tenho tido o privilégio de crescer sob a sua orientação e parceria. Obrigado por tudo. Este livro hoje toma forma graças a você.

À minha querida Hannya, por todo o apoio e por toda a compreensão. Minha vida hoje toma forma graças a você.

Por fim, aos meus pais, minha vó e minha madrinha, por serem os exemplos que me permitiram chegar aqui, cada um à sua maneira.

APRESENTAÇÃO

Quem nunca assistiu a um filme, leu um livro ou viu um desenho em que outros animais, além dos humanos, também usam a língua humana e falam? Durante a minha infância, cresci com vários exemplos na TV: Stuart Little, Babe, Garfield, Família Dinossauros e Scooby Doo estavam entre alguns dos mais famosos, mas poderíamos passar horas a fio citando as tantas vezes em que usamos a nossa imaginação para criar outros animais falantes. Aliás, quase toda pessoa que tem ou já teve um bichinho de estimação sabe o que é tentar se comunicar com outra espécie – em alguns casos, certos donos e donas diriam que conseguem, sim, estabelecer um certo grau de comunicação com o seu cachorro ou gato, por exemplo (Epley *et al.*, 2008). Inclusive, algumas pesquisas mostram que cachorros, até certo ponto, realmente conseguem nos compreender (Prichard *et al.*, 2018). Apesar disso tudo, a questão nos parece sem sentido e a resposta óbvia: animais não falam, ou, em outras palavras, não têm língua, certo? Afinal, eles não respondem às nossas perguntas, parecem não entender quando reclamamos ou pedimos algo e nem, obviamente, conversam com a gente. Logo, podemos categoricamente afirmar que outros animais não têm língua. Certo? E cultura? Até parece, né.

Durante os anos 1990, um dos filmes que marcou a infância de muitas pessoas foi Free Willy, a famosa quadrilogia sobre uma orca que tenta escapar de um parque aquático com a ajuda de seu amigo humano, o menino Jesse. Nos filmes, Willy e Jesse conseguem tranquilamente conversar um com o outro e estabelecem uma amizade muito forte. Tudo dentro do mundo ficcional, claro. Mas, imagine comigo: e se Free Willy não fosse ficção? Ou, melhor dizendo, e se algo parecido existisse? Neste livro, fruto de parte das minhas pesquisas sobre Estudos da Tradução[1] na Universidade Federal de Ouro Preto (UFOP), levarei você, caro leitor e

---

[1] O leitor e a leitora podem pensar: Tradução e orcas? Que viagem é essa?! Pois saibam que é possível conectar essas reflexões com esforços científicos como o Project CETI, uma organização científica que atualmente utiliza tecnologias avançadas para decifrar a comunicação das baleias cachalotes, aprofundando não apenas nossa compreensão das complexidades das línguas e linguagens de um outro animal, mas também destacando a importância de desenvolver métodos de tradução que transcendam as barreiras interespecíficas! O Project CETI é um exemplo prático da busca por compreender e interpretar formas de significados não-humanos. A ideia do projeto é "traduzir" (termo usado pelos próprios pesquisadores) as baleias cachalotes em 5 anos! Conheça mais sobre o Project CETI aqui: https://www.projectceti.org/

cara leitora, para uma viagem rumo a um mundo mais ou menos parecido com o de Willy e Jesse, onde existe a possibilidade de uma outra espécie realmente ter língua e cultura: o nosso mundo real.

Desafiarei, com base em estudos, sobretudo da linguística e da biologia, a concepção amplamente aceita de que animais não têm língua e usaremos as orcas, as temidas baleias assassinas, como estudo de caso. Ainda, falarei sobre outro tema controverso, o de cultura em outros animais que não os humanos. Contudo, adianto desde já: diferente de Willy, orcas não têm língua nem cultura humana; mas talvez elas possuam algo mais ou menos parecido. Vamos conhecer a língua e a cultura delas?

SUMÁRIO

INTRODUÇÃO...13

1
REFERENCIAL TEÓRICO 23
1.1 A organização social das orcas residentes.................................... 23
    1.1.1 A relação entre organismos e habitat: o conceito de ecótipo 23
    1.1.2 Cultura e habitat... 26
    1.1.3 O complexo sistema social das orcas residentes 28
    1.1.4 As implicações de se viver nos oceanos e mares do mundo.................31
    1.1.5 A equação do Ruído Rosa 33
    1.1.6 A complexidade cerebral das orcas 35
1.2 Uma introdução aos sons produzidos pelas orcas residentes 37
    1.2.1 O conceito de aprendizagem vocal 37
    1.2.2 Por que aprendizagem vocal?.. 39
    1.2.3 A complexidade vocal das orcas.. 40
    1.2.4 O repertório de sons das orcas: cliques, assobios e chamadas pulsadas.....41
1.3 O plano do contexto e os Estudos da Tradução.............................. 46
1.4 A abordagem sistêmica da LSF 51
1.5 A evolução da língua segundo a LSF.. 58
    1.5.1 Um sistema semiótico de quarta ordem superior......................... 59
    1.5.2 As três fases da evolução da língua humana 63
1.6 O conceito de protolíngua 67
1.7 O conceito de língua: sintaxe vs. semiose....................................71
    1.7.1 Língua como recurso criador de significado simbólico 73
1.8 Os conceitos de criptossemiose e tradução interespecífica.................... 80
1.9 Uma pequena nota sobre o que é evolução...................................81

2
PERCURSOS DA PESQUISA.. 87

3
RESULTADOS 89
3.1 Estratificação do plano do contexto: gênero.................................. 89
    3.1.1 FORRAGEAMENTO 89

3.1.2 SOCIALIZAÇÃO 92

3.1.2 VIAGEM 93

3.2 Estratificação do plano do contexto: registro 94

3.2.1 Variações na sintonia.. 94

3.2.2 Variações no campo.. 98

3.2.3 Variações no modo.. 99

4
ANÁLISE DOS DADOS 101

4.1 Estrato do gênero: FORRAGEAMENTO...101

4.2 Estrato do registro 103

4.2.1 Estrato do registro: sintonia... 103

4.2.2 Estrato do registro: modo... 107

4.2.3 Estrato do registro: campo.. 109

4.3 Plano do conteúdo, estrato da semântica-discursiva 112

4.3.1 Plano do conteúdo, estrato da semântica-discursiva: NEGOCIAÇÃO, AVALIATIVI-
DADE e FUNÇÕES DISCURSIVAS... 112

4.3.2 Plano do conteúdo estratificado 118

4.4 Proposta de estratificação... 121

5
CONCLUSÕES 123

REFERÊNCIAS 125

ÍNDICE REMISSIVO.. 139

INTRODUÇÃO

Este livro tem como foco investigar um fenômeno que, desde Free Willy, me fascina: a possibilidade de existência de sistemas culturais (Halliday, 1978) e linguísticos (Martin, 1992) na vida das orcas (Ford, 1989) – teriam os outros animais língua e cultura? Sob um ponto de inserção científica, uma vez que trabalho dentro do campo da Linguística e dos Estudos da Tradução, é um trabalho introdutório que busca oferecer subsídios para a tradução entre possíveis sistemas culturais e linguísticos (Hjelmslev, 1961) de espécies distintas, de maneira a construir a base inicial de um estudo comparativo para um futuro trabalho de tradução (Teruya e Matthiessen, 2015), como acabamos de ver ser possível no caso do Project CETI na nota de rodapé da Apresentação (você não pulou a minha nota de rodapé, né?!). No nosso caso aqui, o primeiro passo sendo a investigação da existência de sistemas culturais e linguísticos em uma outra espécie, as orcas.

A partir dessa investigação, o que pretendo apresentar é a descrição dos sistemas identificados para que, futuramente, possa-se discutir o processo do que vamos chamar mais para frente de *tradução interespecífica*, ou seja, o processo de tradução entre um sistema linguístico humano (o caso paradigmático do que chamamos de *sistema* semiótico, ou seja, um sistema que produz significados) e um sistema de uma outra espécie, uma *criptossemiose* – conceitos esses que serão detalhados mais adiante, não se preocupe! Assim sendo, tomo como destaque a relevância do fenômeno da variação de natureza funcional (Matthiessen, 2019) para a tradução (Catford, 1965; Hatim, 2001; Kim *et al.,* 2021) entre sistemas linguísticos e, consequentemente, culturais diferentes (House, 2015).

Para tal, a pesquisa parte por verificar a possibilidade da existência de um contexto simbólico (dividido em gêneros e registros, como veremos logo, logo) de acordo com a Linguística Sistêmico-Funcional (doravante LSF) (Eggins e Martin 1997). A partir dos dados coletados, o passo seguinte é a modelagem de um gênero das orcas, o de FORRAGEA-MENTO, bem como descrição das diferentes constituições das variáveis do registro, observando, por fim, os sistemas linguísticos gerados. A partir desses dados, vamos descrever e analisar, em certa medida, os sistemas desses animais, de forma a fornecer subsídios para a tradução (Teruya e Matthiessen, 2015).

No que tange a filiação da pesquisa, dou destaque aos estudos de gêneros (Martin e Rose, 2008; Rose, 2019) e registros (Matthiessen, 2019), respaldando-se na LSF (Halliday e Matthiessen, 2014) e localizando-se, portanto, na área dos Estudos da Tradução de base linguística, mais especificamente aquela que parte de abordagens sistêmico-funcionais (Pagano e Vasconcellos, 2005). Ainda, o estudo estabelece interface com os estudos da Biossemiótica (Uexküll, 2004) e Cetologia (Parsons *et al.*, 2009), em um processo de transdisciplinaridade (Martin, 2000a) que nos permitiu ter acesso ao sistema semiótico em contexto (Matthiessen, 2007) disponível na literatura e reinterpretar os achados sob uma ótica sistêmico-funcional.

Escolhi as orcas como objeto de estudo motivado pela literatura que aponta que sistemas sociais complexos, bem como habilidades cognitivas sofisticadas, são fortes indicadores do surgimento de cultura em espécies animais, como a humana (Sewall, 2015). A *orcinus orca* (o nome científico das orcas) é uma espécie altamente social, gregária e com cérebros grandes tanto em tamanhos absolutos como relativos (Marino *et al.*, 2004).

Ademais, outros fatores que parecem ser requisitos para a evolução de capacidades socialmente aprendidas (Roper, 1986), como a língua, estão presentes nesses animais: expectativa de vida longa e cuidado parental prolongado (Marten e Psarakos, 1995). Ou seja, cultura e língua parecem ter maior chance de evoluir em espécies que apresentam os atributos citados acima (Griffin, 1976), todos presentes nas orcas, sobretudo as do ecótipo residente, como veremos adiante!

Atreladas a esses fatores, pesquisas sobre desenvolvimento linguístico na infância e evolução linguística no âmbito da LSF (Painter, 2004; Rose, 2006) demonstraram que, embora a língua seja um recurso com múltiplas funções, são os recursos interpessoais, os responsáveis por negociar nossas relações sociais, que inicialmente impulsionam a expansão do potencial de significado durante a ontogenia (ou seja, durante a infância) e que impulsionaram a expansão desse potencial durante a nossa filogenia (nossa evolução, que segue até hoje!).

Nesse sentido, a língua é compreendida como um sistema que cria significados, tecnicamente chamado de *sistema semiótico*, e que é fundamentalmente interpessoal. Assim sendo, é a partir da natureza social de uma espécie que o potencial de significado de um sistema semiótico pode se complexificar cada vez mais, sendo os significados interpessoais a força motriz para a evolução da língua, tanto em termos evolutivos quanto ao longo do desenvolvimento (Williams e Lukin, 2004).

Tendo essas concepções como ponto de partida, e apoiado na perspectiva de que a "ontogenia recapitula a filogenia" (Matthiessen, 2004), foi essencial para a pesquisa buscar outras espécies altamente sociais além da humana e, pelos fatores dispostos acima – sobre os quais falo de forma mais detalhada nas seções seguintes –, escolhi os sistemas semióticos das orcas do ecótipo residente como objeto de estudo.

Além disso, a pesquisa teve como motivação principal a própria literatura linguística que discorre sobre as capacidades comunicativas de outros animais fora os humanos (Halliday, 1978; Martin, 1992, 2013), cujas conclusões, de forma geral, chegaram ao consenso – cabe destacar, sem muitas evidências para sustentar tal afirmação (Taglialatela *et al.*, 2004) – de que, tanto crianças ainda em processo de desenvolvimento linguístico na primeira infância, bem como animais dotados de cérebros grandes e sangue quente, possuem nada além de uma "protolíngua": entre outras coisas, um sistema semiótico biestratal, contando apenas com a presença dos *estratos*[2] do conteúdo e expressão, como podemos observar na Figura 1. Por sua vez, o sistema humano adulto, exemplificado na Figura 2, seria o único na natureza que evoluiu outros estratos, entre eles os do gênero e registro, que compõem o contexto:

Figura 1: Organização biestratal que supostamente subjaz a organização semiótica dos sistemas de crianças em primeira infância e todos os outros animais dotados de cérebros grandes e sangue quente

Fonte: Figueredo (2011, p. 74)

---

[2] "Estrato" é um termo técnico que captura os diferentes níveis de abstração de um sistema linguístico e cultural: gramática, semântica, gênero... cada um é um estrato. O sistema humano tem: fonologia, gramática, semântica (língua), além de registro e gênero (contexto).

Figura 2: Estratificação e realização do sistema humano adulto, em que, além dos planos do conteúdo (este subestratificado em semântica e [léxico]gramática) e expressão, há também a presença do plano do contexto, formando um sistema triestratal. A relação de realização entre contexto e língua estabelece a natureza conotativa e denotativa entre, respectivamente, contexto e língua, ponto sobre o qual detalharei mais adiante

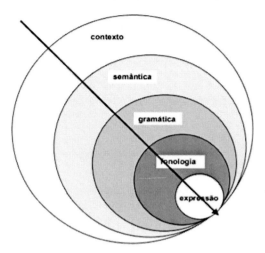

Fonte: Figueredo (2011, p. 76)

Contudo, uma leitura cuidadosa dos trabalhos sobre orcas e outros mamíferos marinhos parece contestar tal conclusão, uma vez que o sistema das orcas pode se assemelhar ao humano mais do que atualmente se acredita (Rendell e Whitehead, 2001). Assim sendo, este livro busca contribuir para o aprofundamento e questionamento dos estudos que assumem uma descontinuidade acentuada e irreconciliável entre a língua humana e os sistemas de vocalização de todos os outros animais. Portanto, para avaliar cientificamente a hipótese de que a língua humana é única na característica de ser, entre outras coisas, o único sistema semiótico linguístico-cultural (Martin, 1992) que evoluiu na natureza, entendemos ser importante que sejam apresentadas evidências para apoiar tal conclusão. Para tal, reviso, a partir de uma perspectiva sistêmico-funcional, os trabalhos sobre as orcas residentes e busco identificar se há a presença de criação de significados a partir de sistemas linguístico-culturais.

Para isso, os estudos dos gêneros ajudam a expandir o nosso entendimento acerca das relações entre contexto e língua, sobretudo sobre como a língua funciona em contexto e é usada como recurso de produção de significados para atingir certos propósitos sociais. Entre as aplicabilidades dos estudos de gêneros, é muito grande o interesse de se compreender o desenvolvimento de como as línguas são usadas para transmitir ideologias, desenvolver perspectivas críticas e mudanças sociais (Gardner, 2017). De forma mais específica e relacionada a esta pesquisa, os estudos contrastivos de gêneros em contextos linguísticos e culturais diferentes podem fornecer informações e subsídios para a tradução, uma vez que esta é, entre outras coisas, comunicação entre línguas e culturas diferentes (House, 2016).

Ainda no que tange aos fenômenos de interesse deste livro, uma das grandes preocupações da LSF deriva do conceito de variação linguística (Rose, 2006), sobretudo de variação funcional (gênero e registro) (Eggins e Martin, 1997). Dessa maneira, busca-se entender como falantes de uma língua usam os recursos que dispõem para diferentes propósitos em diferentes situações de uso. Nesse sentido, variação contextual tende a ser teorizada em dois níveis:

1) em diferentes tipos de atividades institucionalizadas cujas constituições se estabilizaram dentro de uma cultura específica, com propósitos sociais específicos (gêneros) e 2) em diferentes situações em que os membros de uma cultura interagem (registros), incluindo a) as atividades em que eles se encontram (campo) e b) as relações entre eles (sintonia) e c) o papel que a língua desempenha na situação (modo) (Martin e Rose, 2008).

Na perspectiva sistêmica, a relação entre o contexto cultural/situacional e a língua é tida como uma de realização: em outras palavras, a língua realiza (i.e., simboliza, manifesta) os tipos de contextos, culturais e situacionais, de uma sociedade (Martin e Rose, 2008). Em vez de arbitrária, a relação entre as funções sociais e a língua é natural (Martin, 2013). Esse modelo fornece um conjunto de ferramentas para descrever os papéis da língua em uma sociedade e como variam de cultura para cultura, sendo essencial para o estudo da tradução e da prática tradutória (Steiner, 2015). Para isso, olhamos principalmente para os conceitos de gênero e registro.

Nos Estudos da Tradução, pesquisas demonstram a importância e o desafio de se considerar as variáveis do registro no processo tradutório de uma língua para outra (Neumann, 2012). De forma distinta às variações dialetais, em que o nível de variação se localiza nos níveis fonológicos e gramaticais, e a semântica permanece relativamente constante, a variação no registro implica justamente na falta de constância no nível semântico da língua, uma vez que é ele que estabelece uma interface entre as configurações do registro e a gramática (Martin, 1992).

Assim sendo, uma vez que registros são ativados pela cultura (i.e., pelo conjunto de gêneros que ela abarca e como eles são institucionalizados) e as culturas são diferentes, os estudos da tradução de base sistêmica apontam que as configurações dos gêneros e registros variam de uma língua para outra e, por isso, são um obstáculo considerável que todo tradutor precisa levar em consideração (Steiner, 2015). É, portanto, necessário que se faça uma análise contrastiva das configurações dos gêneros e registros nas duas línguas, sendo assim importante o estudo e a descrição de diferentes sistemas linguísticos e culturais para fornecer subsídios aos profissionais da área (Halliday, 1964), uma vez que se pode dizer que descrição é um passo essencial para a tradução (Halliday, 2005).

Dessa forma, uma teoria que lida com o contexto é uma teoria sobre variação funcional: de como textos são diferentes e quais são as motivações contextuais para essas diferenças. Dessa forma, toda análise contextual precisa ser capaz de identificar "previsão textual" e "dedução contextual" (Eggins e Martin, 1997). Em outras palavras, o que investigo aqui é a existência de sistemas contextuais, de forma a existirem opções linguísticas com maior probabilidade (Matthiessen, 2015) de serem escolhidas e, por outro lado, a partir da investigação linguística, buscar observar uma possível dedução da atividade institucional em jogo na cultura (gênero) e a situação de uso da língua (registro) que motivaram as realizações linguísticas, de forma a facilitar a prática tradutória.

Para tal, a análise precisa ser capaz de relacionar as categorias do contexto aos padrões linguísticos; precisa, assim, de uma metodologia para a análise dos gêneros, dos registros e das escolhas linguísticas que os realizam: ao mesmo tempo, uma teoria de contexto e língua, tendo em vista que são inseparáveis. Dessa forma, variação de registro configura variação cultural e, em última análise, variação linguística, sendo essencial assim que esse processo seja compreendido para um processo tradutório bem-sucedido (Steiner, 2015).

Nessa direção, recentemente trabalhos sobre os sistemas semióticos de outros animais além dos humanos começaram a surgir por meio de uma perspectiva sistêmico-funcional, de forma a demonstrar como uma investigação a partir desse prisma pode ser frutífera para a interpretação dos sistemas semióticos de outras espécies animais e incentivar mais pesquisas semelhantes: abelhas, pássaros, bonobos, macacos e chimpanzés já foram estudados (Taglialatela *et al.*, 2004; Thibault, 2004; Benson, Greaves, 2005; Haentjens, 2018). Nesses trabalhos, há o consenso de que o estudo da capacidade semiótica de outras espécies pode ser importante para compreendermos melhor os processos evolutivos pelos quais a língua humana evoluiu (Taglialatela *et al.*, 2004; Haentjens, 2018).

Além disso, destacam que um aumento nas habilidades cognitivas parece implicar em uma sofisticação da relação entre significado-expressão e, na mesma linha, parece haver um aumento da importância do contexto e a influência dele no conteúdo da expressão (Haentjens, 2018). Cabe reforçar que orcas possuem cérebros grandes e complexos, em alguns aspectos inclusive maiores do que o cérebro humano em termos absolutos e relativos, bem como mais desenvolvidos (Marino *et al.*, 2004), fatores que também motivaram a escolha dessa espécie para esta pesquisa.

Contudo, nenhum dos trabalhos supracitados aborda a questão da biestratalidade dos sistemas semióticos dessas outras espécies, deixando uma lacuna importante para pesquisas, uma vez que um dos pontos que parecem singularizar o sistema linguístico da espécie humana é a sua relação natural entre contexto e língua (Martin, 2013). Nesse sentido, este trabalho pretende entender se o contexto, o plano que tem o papel de constranger as probabilidades dos sistemas linguísticos (Matthiessen, 2015), atua no sistema semiótico das orcas, de forma a fornecer subsídios para a tradução a partir do delineamento inicial de uma tipologia.

Por sua vez, no âmbito dos estudos da biossemiótica, pesquisas anteriores reconhecem a dificuldade de se interpretar o sistema semiótico de espécies animais que não a humana: Jakob von Uexküll (1982) destaca o desafio principalmente tendo em vista que o pesquisador humano inevitavelmente traça as suas interpretações a partir de seu sistema antropossemiótico, e pergunta-se a partir disso como interpretar e representar os sistemas de outras espécies sem distorcê-los. Outros trabalhos da área consideram isso um problema de tradução (Uexküll, 2004) e esta pesquisa parte do mesmo pressuposto, uma vez que a tradução é um processo que pode ocorrer dentro e entre sistemas semióticos de quaisquer naturezas (Matthiessen, 2001).

No que tange aos estudos da cetologia, reconhece-se também que o estudo das habilidades comunicativas de outros animais além dos humanos pode nos proporcionar uma maior compreensão sobre a evolução da nossa própria língua (Ford, 1989). Nesses trabalhos, é comum que os dados se limitem a parâmetros acústicos separados do contexto de uso. Embora boa parte desse problema seja reflexo da dificuldade de se estudar mamíferos marinhos em geral (Mann, 2017), atualmente há um conhecimento acumulado suficiente para que possamos analisar, dentro do possível, o potencial de significado das orcas (Sayigh, 2014).

Paralelamente a isso, pesquisas dessa área apontam para a necessidade de uma abordagem que seja capaz de interpretar as funções dos sons das orcas de forma que leve os contextos sociais em consideração (Ford, 1989). Para tal, a LSF atua como ferramenta teórico-metodológica para nortear a fundamentação e análise dos dados dispostos. Isso é possível através da concepção sistêmica de língua como significado em contexto, evoluindo assim a partir das pressões seletivas dos ambientes físicos, ecológicos e sociais em que se encontra (Rose, 2006).

O histórico foco na sintaxe (Berwick e Chomsky, 2016), sobretudo na primatologia mas no estudo da produção de significado em outras espécies como um todo, passa a ser na arquitetura do sistema do organismo em questão para que possamos entender os significados que cada espécie cria em contextos específicos nos quais participa e com relação aos quais precisa se adaptar, uma vez que o contexto de cultura condiciona o sistema, como dito acima (Halliday, 1994), e a cultura em si é fruto da evolução (Malinowski, 1944).

Assim, busca-se, por meio da perspectiva sistêmico-funcional, a partir da qual o conceito de língua é tido como um recurso que permite os usuários de um determinado sistema linguístico criar e trocar significados, e de sua concepção em que privilegia as relações entre língua e contexto de uso, além do uso das ferramentas analíticas para descrever essas relações (Rose, 1999), oferecer uma nova perspectiva aos estudos sobre a cultura e as habilidades de comunicação das orcas.

Dessa forma, por meio de uma perspectiva sociossemiótica – com foco na capacidade de significar socialmente –, este trabalho fundamentalmente apresenta questões sobre como e até que ponto outros animais além dos humanos usam um sistema semiótico simbólico para construir e encenar o mundo deles (Taglialatela et al., 2004).

Para isso, parti do método de pesquisa bibliográfica (Alyrio, 2009) para, a partir da literatura disponível, ter acesso ao uso em contexto do sistema semiótico que evoluiu na espécie das orcas e reinterpretar os achados sob uma ótica sistêmico-funcional, de forma a utilizar dos dados para o desenho dos sistemas linguístico-culturais (Halliday e Martin, 2014). A seleção de textos provém, sobretudo, das pesquisas realizadas desde os anos 1980 sobre as orcas residentes do pacífico norte (Bigg, 1990).

Para tal reinterpretação, lancei mão do método de argumentação sistêmica (i.e., visão trinocular, argumentação axial e análise em contexto) (Figueredo, 2011), sendo, portanto, a LSF a ferramenta que norteou todo o trabalho. A LSF apresenta as ferramentas necessárias para uma investigação dessa natureza. Os preceitos teórico-metodológicos da teoria nos são úteis nesta exploração sobretudo através do emprego da sua abordagem funcional. Mais especificamente, para o desenho do gênero usei como método de análise as possíveis configurações que ocorrem em uma situação de uso específica para especificá-lo, de forma a analisar como os sistemas linguístico-culturais se comportam (Catford, 1965; Plum; Cowling, 1987; Nesbitt e Plum, 1988; Halliday, 2005).

Além disso, a aplicação das dimensões semióticas que se inter--relacionam e atuam na descrição das línguas humanas (estratificação e metafunção, por exemplo) como princípios de organização sistêmica propiciaram uma visão mais clara da organização semiótica do sistema das orcas, em um movimento ainda incipiente dentro da Linguística Sistêmico--Funcional e da Linguística como um todo no que tange à investigação dos sistemas semióticos de espécies além da humana (Haentjens, 2018). Dessa forma, a ideia é introduzir a arquitetura do sistema das orcas e, assim, fornecer subsídios para os estudos da tradução (em um processo de *tradução interespecífica)*, bem como contribuir para o conceito de protolíngua a partir da teorização proposta.

Este livro será estruturado da seguinte forma: no Capítulo 1, será apresentado o Referencial Teórica, seguido pelo Capítulo 2, onde será apresentado o percurso da pesquisa. Em seguida, no Capítulo 3 apresento os resultados, de forma que, no Capítulo 4, as análises desses dados. Por fim, no Capítulo 5, apresento a Conclusão, onde apresento algumas perspectivas de pesquisas futuras.

REFERENCIAL TEÓRICO

Este capítulo delineia as bases teóricas que orientam este livro. Primeiramente, introduzo a organização social das orcas residentes. Em seguida, vamos ver, da forma que se encontra na literatura disponível, o sistema que elas usam para se comunicar, com foco especial sobre o conceito de aprendizagem vocal. Posteriormente, apresento o plano do contexto (gênero e registro) segundo a LSF, sob a ótica do conceito de variação linguística, estabelecendo uma relação com os Estudos da Tradução. Em seguida, discorro sobre a Rede de Sistemas, a ferramenta representacional usada pela LSF para observar o potencial de significado de um sistema, privilegiando o eixo paradigmático. Por fim, apresento os conceitos de evolução linguística, protolíngua e língua, de forma a delinear as suas relações.

1.1 A organização social das orcas residentes

Este subcapítulo pretende se debruçar sobre a organização social de um tipo específico de orca: as orcas residentes (Deecke, Ford e Spong, 2000), de forma a compreender como o sistema semiótico desses animais evoluiu, o que significa e como se constitui a sua organização sistêmica. Estudo as orcas residentes pois, diante dos dados atualmente disponíveis, compõem o grupo semioticamente mais complexo dentro da espécie. Para iniciar essa descrição, introduzo alguns conceitos importantes para entender a classificação das orcas na literatura disponível (Bruyn, Tosh e Terauds, 2013).

1.1.1 A relação entre organismos e habitat: o conceito de ecótipo

Em grande parte, relações entre organismos dependem do habitat em que vivem (Whitehead, Rendell, 2014). Um observador atento é capaz de perceber que populações de orcas não se comportam, se alimentam e, de maneira mais destacada, se comunicam da mesma forma ao longo da distribuição da espécie pelos oceanos e mares do mundo (Ford, 2009).

Para tentar descrever essa gama de variedades, na literatura da biologia marinha usa-se o termo ecótipo (Bruyn, Tosh e Terauds, 2013), de forma que essas divergências são vistas como resultado de seleção natural (Darwin, 2005) de pressões seletivas distintas entre populações separadas, causando consequentemente variações específicas em cada uma delas (Begon, Townsend e Harper, 2006). Assim, o conceito de ecótipo pode ser definido como uma variante geográfica de uma mesma espécie, geneticamente distinta e, portanto, adaptada às condições específicas do ambiente que habita.

As orcas apresentam uma quantidade elevada de ecótipos dentro da espécie. Estão entre os cetáceos[3] mais cosmopolitas, com ocorrências registradas em todos os oceanos e em muitos mares fechados do mundo. São encontradas em diferentes temperaturas e profundidades, nas águas polares e tropicais, embora sejam vistas sobretudo em regiões com temperaturas mais baixas. Ecótipos diferentes apresentam uma série de características distintas: comportamento, dieta, estruturas sociais, repertórios vocais e morfologia. Por isso, tendem a ser reprodutivamente isolados e geneticamente distintos (Carwardine, 2019).

Entre essa vasta gama de ecótipos existentes, as orcas do hemisfério norte estão entre as mais estudadas (Bruyn, Tosh e Terauds, 2013). Nessa região, são reconhecidos atualmente três tipos diferentes: orcas residentes, transitórias e oceânicas (Pitman e Ensor, 2003). Debates acerca dessa classificação, cunhada pela primeira vez por meio de pesquisas na costa oeste do Canadá e dos Estados Unidos nas décadas de 1970 e 1980 (Ford *et al.*, 2011), ainda perduram, uma vez que as distinções entre cada ecótipo são grandes o bastante a ponto de suscitar discussões se são realmente ecótipos ou raças, sub-raças ou até mesmo espécies diferentes (Baird, 2002).

Isso se dá uma vez que, nesse caso, a área em que diferentes ecótipos vivem se sobrepõem e, portanto, parece haver outros fatores, além da variação de habitat, direcionando a evolução e possível especiação das orcas (Riesch *et al.*, 2012). Assim sendo, um breve resumo de cada um desses três ecótipos segue abaixo:

Residentes: as dietas das orcas residentes consistem principalmente de peixes (Ford, Ellis e Balcomb, 2000). Vivem em associações complexas e em uma organização social incomum até dentro da espécie humana, com os seus membros permanecendo a vida inteira ao lado de sua família,

---

[3] À grosso modo, baleias, golfinhos e botos.

dentro da unidade social básica desses animais: a unidade matrilinear ou família (Berta *et al.*, 2006). Ademais, suas sociedades são ainda divididas em outras camadas de organização social, a saber: *grupo, clã* e *comunidade* (Ford, Ellis e Balcomb, 2000). O nome "residente" se justifica pela observação de que as orcas desse ecótipo visitam as mesmas áreas de forma consistente, mas as dinâmicas de movimentação dela são menos estáveis que o termo indica e, por isso, o termo "orcas que se alimentam de peixes" tem sido mais adotado com o tempo (Carwardine, 2001). Estão entre o ecótipo mais estudado dentro de toda a espécie e são encontradas nas costas norte-americana e canadense. São animais extremamente vocais (Janik, 2009), como veremos adiante.

Transitórias ou de Bigg: o segundo ecótipo mais estudado, as orcas transitórias se alimentam de mamíferos marinhos (Ford *et al.*, 1998). Em contraste com as residentes, geralmente viajam e vivem em grupos menores, e os seus laços e organização social são menos complexos (Deecke, Ford e Slater, 2005). As transitórias também têm sido cada vez mais chamadas de orcas de Bigg em homenagem ao cientista Michael Bigg, um dos pioneiros no estudo sobre cetáceos, sobretudo sobre orcas, e principal responsável por desenvolver a técnica de foto-identificação para o reconhecimento de orcas específicas, baseado em marcas individuais (Baird, 2002). São relativamente menos vocais que as residentes, principalmente quando estão caçando, mas também como um todo. Evidências de pesquisas anteriores apontam que um dos motivos por trás disso se dá pelo fato da melhor audição das suas presas (mamíferos, ao passo que residentes se alimentam de peixes), que podem ouvir as vocalizações das transitórias e, assim, escapar de possíveis investidas (Deecke, Ford e Slater, 2005).

Oceânicas: como o nome sugere, as orcas desse ecótipo viajam para longe da costa e se alimentam de espécies como tubarões (Ford, Ellis e Balcomb, 2000). Seus grupos tendem a ser grandes, consistindo de 20-75 membros, sendo vistos até em um número de 200 orcas (Jones, 2006). Pouco ainda se sabe sobre elas.

Sendo assim, tenho como foco de pesquisa as orcas residentes, pelo fato de serem animais mais sociais e cooperativos (Gowans, Würsig e Karczmarski, 2007), propiciando assim um substrato potencialmente maior para o estudo de fenômenos culturais (Malinowski, 1939; Martin e Rose, 2009) e consequentemente sistemas semióticos (Eggins, 2004) mais complexos como a língua humana, uma vez que cultura pressupõe cooperação (Malinowski, 1944) e qualquer sistema semiótico tem a sua natureza condicionada por ela (Halliday, 1994).

Dessa forma, investigo se as orcas residentes evoluíram um sistema semiótico mais complexo, apresentando na sua estratificação (Matthiessen, 2007), junto dos estratos do conteúdo e expressão, o plano do contexto, com os estratos de gênero e registro, de forma a ser mais complexo do que se tem acreditado com relação aos sistemas semióticos chamados de protolínguas (Halliday, 1979; Martin, 1992, 2013; Painter, 1984).

1.1.2 Cultura e habitat

Explicar habitat não é um exercício puramente etológico (Immelman, 1980; Davies, Krebs e West, 2012); objetivo, com a exposição a seguir, verificar parte do contexto de cultura das orcas residentes e como o sistema semiótico delas assim evoluiu (Rose, 2006).

Este subcapítulo pretende, portanto, ser a base crítica e teórica para interpretar o que o sistema delas significa, por que evoluiu e por que é organizado e encenado como é (Halliday, 1978). Reforço então que, neste trabalho, interpreto o sistema semiótico consistindo não apenas dos recursos semânticos que a ele constituem, mas incluindo também os diversos contextos culturais nos quais esses recursos são instanciados e as várias orientações sócios-semânticas que os falantes trazem para esses contextos (Rose, 2001).

Atrelado a essa questão, parto do pressuposto de que qualquer estudo de natureza sociossemiótica precisa necessariamente considerar o indivíduo, o grupo e a dependência mútua que existe entre eles (Malinowski, 1939); caso contrário, podemos cair em simplificações individualistas ou descrições de fenômenos complexos a partir de perspectivas descontextualizadas, correndo o risco de se chegar a conclusões pouco proveitosas ou mesmo de falso positivas/negativas (Rauchfleisch e Kaiser, 2020). Em outras palavras, mesmo que eu analise o uso do sistema semiótico de um único indivíduo, a investigação trará poucos frutos caso não tenha um entendimento profundo da sua relação e dependência para com o grupo.

Além disso, também entendo a necessidade de se analisar o objeto baseado no fato biológico – uma vez que orcas e humanos são, antes de tudo, animais que apresentam necessidades biológicas básicas para a sua sobrevivência, supridas então pelas culturas desses animais (Malheiros, 2004) –, sobretudo quando se trata de um ambiente semiótico e natural tão diferente do qual estamos acostumados.

Deve-se, então, estudar ao mesmo tempo todas as suas necessidades orgânicas quanto às influências ambientais, sempre fazendo referência às reações e compensações culturais a tudo isso (Malinowski, 1939). Reforço que, assim como não farei uma discussão meramente etológica, neste ponto não me ocuparei de aspectos necessariamente e apenas anatômicos e fisiológicos das orcas, mas como todos esses elementos são modificados por influências sociais.

Ou seja, aqui observo como as necessidades do organismo são saciadas sob condições da cultura, tendo assim a clareza de que a organização social e o grupo decorrente dela dentro de uma sociedade simbólica é um meio indispensável para a realização das necessidades mais básicas. Assim, o organismo dentro de cada cultura é treinado para se adaptar a certas condições impostas pela sua cultura, moldando-o e adequando-o ao seu ambiente sociossemiótico e ambiental (Malinowski, 1939; Rose, 2001).

Sendo assim, cultura aqui será inicialmente interpretada a partir de dois pontos de vista complementares: 1) cultura como realidade instrumental: como o conjunto de implementações, estatutos de organização social e costumes – tudo isso servindo ao indivíduo para satisfazer as suas necessidades biológicas, através de cooperação e dentro de um ambiente específico; 2) cultura como mecanismo condicionador: embora a cultura seja um instrumento que usamos para garantir a nossa sobrevivência, também somos moldados por ela. A cultura é sob essa ótica um mecanismo condicionador, que através de treinamentos, transmissão de habilidade, ensinamento e aprendizados, molda a nossa psique e anatomia (Malinowski, 1939). Partindo dessa compreensão, acesso esses dois pontos de vista a partir da noção de cultura da LSF na qualidade de conjunto de gêneros (Martin e Rose, 2008), como detalharei adiante.

Dessa forma, com a descrição da organização social das orcas, espera-se observar como as relações entres esses animais constroem o mundo e promovem a sua possível cultura, mapeando os contextos culturais e ambientais nos quais eles evoluíram (Whitehead e Rendell, 2001).

Como dito anteriormente, como base para este livro, utilizarei informações sobretudo dos animais estudados nas regiões dos Estados Unidos e Canadá, onde pesquisas mais longas e detalhadas têm sido realizadas. Contudo, trabalhos anteriores já demonstraram que boa parte das questões que aqui discorreremos, como a organização social e variedade de dialetos entre os animais, é também exibida em orcas de outras localizações (Riesch *et al.*, 2012).

1.1.3 O complexo sistema social das orcas residentes

Prossigo agora para a descrição de como as orcas se organizam socialmente e os fatores por trás disso. Primeiramente, acredita-se que a capacidade da espécie de se organizar e resolver problemas de forma complexa e socialmente, refletida nas suas organizações sociais, seja um fator decisivo para a evolução da espécie em superpredadoras (Whitehead e Rendell, 2014; Barrett-Lennard, 2000) – animais que se localizam no topo da cadeia alimentar, controlando o volume das populações de suas presas, causando um efeito dominó por todas as comunidades ecológicas com que estabelece relação, direta ou indiretamente. São animais que desempenham um papel essencial na promoção da biodiversidade do local onde vivem (Estes *et al.*, 2011).

Dentro dessa complexidade social, as orcas aprendem e trabalham juntas, o que as possibilitou tirar o máximo de proveito das suas características físicas: grandes, poderosas e rápidas, com mandíbulas e dentes grandes, reinam soberanas e sem ameaças naturais em um ambiente que conta com animais como tubarões e outros cetáceos ainda maiores (Mcgowen, Spaulding e Gatesy, 2009).

Quanto à sua organização social, as orcas se assemelham a muitos cetáceos, embora tenham as suas particularidades. Os cetáceos podem ser divididos em duas categorias de mamíferos marinhos (Jones 2006): os cetáceos sem dentes (os *mysticeti*) e com dentes (os *odontoceti*). As orcas pertencem aos odontocetos, e são eles que compõem as sociedades mais complexas dos oceanos (Marino *et al.*, 2007).

Praticamente de forma unânime, as sociedades dos odontocetos giram em torno da mãe, em uma constituição chamada de "matrilinear" (Filatova *et al.*, 2007). Nas unidades matrilineares das orcas residentes, vivem mães com seus filhos e netos, com até quatro ou cinco gerações coexistindo (Bigg *et al.*, 1990).

Com destaque às orcas residentes, há um sistema social organizado hierarquicamente e o mais rígido entre todas as espécies matrilineares. Tanto os machos quanto as fêmeas passam a vida em sua unidade social natal, sendo, portanto, completamente matrilineares em estrutura (Bigg *et al.*, 1990; Ford *et al.*, 2000). Elas, assim, se deslocam, socializam e caçam juntas com as mesmas orcas durante toda a vida, orcas que são, na unidade mais básica da estrutura social, a família.

Para além disso, há outras camadas na organização social das orcas residentes: as unidades matrilineares que passam mais da metade do tempo juntas e compartilham um certo nível de ancestralidade fazem parte do mesmo *grupo*[4] (Parsons *et al.*, 2009). *Grupos* consistem de uma a três unidades matrilineares observadas juntas em 50% ou mais dos dias de observação (Whitehead, Rendell, 2014). *Grupos* têm repertórios vocais únicos e pesquisas já documentaram diversos níveis de compartilhamento de tipos de vocalizações, ou dialetos, entre eles: certos *grupos* compartilham várias vocalizações, enquanto outros apresentam repertórios totalmente diferentes (Ford, 1991; Yurk *et al.*, 2002).

Cada conjunto de *grupos* que compartilha pelo menos um tipo de vocalização é denominado um *clã*, sendo, portanto, sobretudo definido em termos das tradições acústicas. Por fim, *clãs* que interagem de forma relativamente frequente constituem uma *comunidade*, interagindo sobretudo por meio do repertório de assobios que compartilham, como veremos adiante. *Comunidades* com repertórios completamente diferentes, mesmo habitando a mesma região geográfica, não interagem (Ford *et al.*, 2000).

Os acasalamentos que ocorrem entre orcas residentes seguem uma lógica social e biológica. Os parceiros são geralmente membros de *clãs* diferentes, porém da mesma *comunidade*, exceto em regiões onde há a presença de apenas um *clã* por *comunidade*. Pesquisas anteriores apontam para a possibilidade de as orcas residentes decidirem com que animal acasalar com base nas suas semelhanças e diferenças acústicas (Yurk, 2005).

Acredita-se que há duas condições básicas: 1) os animais precisam fazer parte da mesma *comunidade* e, portanto, compartilhar uma parte do repertório acústico deles; 2) Isso se dá a fim de evitar consanguinidade (Jones, 2006), relacionando-se apenas com aqueles os mais distantes possíveis na organização social. Aparentemente a vocalização das orcas atua como uma espécie de marcador étnico e, através das suas variações e diferenças acústicas, esses animais decidem com que membro da *comunidade* ter a sua prole (Yurk, 2005; Whitehead e Rendell, 2014).

---

[4] Neste livro, *grupo, clã* e *comunidade* serão marcados em itálico para separação dos termos em uso de senso comum.

Assim, uma orca nasce e vive a vida toda dentro da sua unidade matrilinear ou família, a maioria das quais contém de dois a dez indivíduos. Essa unidade matrilinear é parte de um *grupo*, com média de uma a três famílias, sendo parte de um *clã* contendo de dois a dez *grupos* que compartilham dialetos e hábitos semelhantes. Os *clãs* interagem e formam uma *comunidade*, geralmente de um a três *clãs* (Ford *et al.*, 2000; Whitehead e Rendell, 2014).

Figura 3: A organização social das orcas residentes

Fonte: Elaborada pelo autor

Com raras e ainda incompreendidas exceções, uma orca residente permanece no mesmo *grupo, clã e comunidade* por toda a sua vida, seja macho ou fêmea. Filhas adultas que têm suas próprias proles podem se separar de sua mãe até certo ponto, mas geralmente são encontradas viajando nas proximidades. É de se notar como este sistema é incomum, mesmo entre mamíferos, sejam eles terrestres ou marinhos – fora das orcas, a tendência é que machos ou fêmeas se dispersem de suas mães depois do amadurecimento (Bigg *et al.*, 1990).

Sobrepostos nas unidades matrilineares, *grupos, clãs, comunidades* e ecótipos das orcas, encontramos padrões de comportamento característicos: cada camada da organização social vive de uma forma específica, se alimentando, interagindo e se comunicando cada uma à sua maneira (Barrett-Lennard, 2011). Dentro da cetologia, essa variação é tida como cultural, de forma a existir a hipótese de que a maior parte dessa variação de comportamento seja decorrente da importância da variação cultural (Yurk, 2005) entre esses animais.

1.1.4 As implicações de se viver nos oceanos e mares do mundo

A fim de entender as pressões seletivas que levaram à organização social das orcas para essa direção, é essencial, como dito anteriormente, considerar os indivíduos como seres biológicos e as suas necessidades mais básicas, a fim de entender o caminho evolutivo necessário para se chegar ao nível de complexidade social descrito. Sendo assim, deve-se, mais uma vez, destacar que relações entre organismos dependem do habitat em que vivem. Diferente dos mamíferos terrestres, como nós, humanos, orcas vivem em um espaço fluido e tridimensional: os oceanos e mares do mundo.

As implicações disso são inúmeras. Por exemplo, nenhum animal do oceano defende territórios geograficamente definidos, dificultando até mesmo a proteção de presas. Ou seja, o ambiente aquático tende a exibir dinâmicas de caça diferentes daquelas vistas no ambiente terrestre: caçadores marinhos se envolvem em uma disputa de quem consegue obter o máximo de comida em menor tempo em vez de uma competição em que apenas um competidor obtém os espólios. Nesse tipo de situação, a ênfase muda dos próprios competidores para os recursos e, assim, espera-se menos antagonismo entre membros da mesma espécie (Whitehead e Rendell, 2014).

Outra diferença marcante entre a vida terrestre e a marinha, sobretudo para mamíferos marinhos, surge do fato que estes correm riscos para realizar as tarefas mais básicas de qualquer organismo, como respirar. Ao passo que mamíferos terrestres dispõem de estruturas como árvores e tocas para proteger a sua prole, não há nada semelhante no oceano e, por isso, cetáceos dão à luz uma prole precoce, capaz de nadar imediatamente após o nascimento para poder seguir a sua mãe pelo oceano. Dessa forma, para um cetáceo, sem lugares para se esconder ou se proteger, a única fonte confiável de segurança são outros cetáceos (Whitehead, Rendell, 2014).

Assim, acredita-se, os cetáceos tornaram-se muito sociais, marcadamente entre os animais marinhos com os maiores grupos, à medida que vivem expostos nas águas em que vivem. Richard Connor (2000, p. 218), biólogo que estuda golfinhos[5] há décadas, afirma:

> Talvez nenhum outro grupo de mamíferos tenha evoluído em um ambiente tão desprovido de refúgios de predadores. Muitos cetáceos, sobretudo espécies menores que vivem em oceanos abertos, não têm nada para se esconder atrás, exceto uns aos outros.[6]

A reprodução nos cetáceos também se destaca dentro dos oceanos. Uma fêmea dá à luz um filhote a cada um a cinco anos, enquanto alguns de seus peixes competidores desovam milhões de ovos por ano (Gero, Gordon e Whitehead, 2013).

Além disso, comparativamente levam muito mais tempo para amadurecer sexualmente, com as orcas entrando no seu período reprodutivo apenas a partir dos 7 anos, podendo amadurecer completamente apenas a partir dos 16 (Ford, Ellis e Balcomb, 1994). Portanto, os jovens cetáceos são preciosos e, por isso, são vigiados de perto, tanto pelas suas mães como por outros membros de seus grupos sociais e constantemente alimentados, principalmente por meio da amamentação (Whitehead e Rendell, 2014).

Consequentemente, um jovem cetáceo torna-se parte da rede social de sua comunidade, fundamentalmente uma parte central dela e, nesse período, tem várias oportunidades para aprender socialmente o que é ser o indivíduo de uma determinada *comunidade*. Aprende dentro do seu *grupo* como deve se comportar, do que deve se alimentar e até como deve se comunicar (Bowles, Young e Asper, 1988; Weiss *et al.*, 2006).

---

[5] Cabe destacar que orcas pertencem ao grupo dos golfinhos, os delfinídeos.

[6] Perhaps no other group of mammals has evolved in an environment so devoid of refuges from predators. Many cetaceans, especially smaller open-ocean species, have nothing to hide behind but each other.

Nesse sentido, existem exemplos de orcas que, capturadas pela indústria do entretenimento desde muito cedo, não tiveram a oportunidade de ser enculturadas (Candland, 1993) e, quando devolvidas ao oceano, não conseguiram ter uma vida funcional, não sendo capazes de se alimentar sem a ajuda de um humano instrutor e nem de se comunicar com os membros de sua espécie, homologamente às crianças selvagens humanas (Whitehead e Rendell, 2014). Thomas White (2007, p. 205), filósofo que se debruça sobre a questão da cultura em animais, sugere que os "golfinhos podem precisar dessa rede de relacionamentos muito mais do que os humanos"[7].

1.1.5 A equação do Ruído Rosa

Para entender melhor as necessidades de um organismo como as orcas e as pressões ambientais (Steele, 1985) que motivaram uma evolução social de tamanha complexidade e coesão, podemos nos virar para as observações de Hal Whitehead e Luke Rendell, sobretudo para os seus comentários sobre a equação do Ruído Rosa ou Ruído 1/f (Whitehead e Rendell, 2014), com o f representando uma unidade de tempo, mais especificamente com que frequência um determinado ambiente muda. Dessa forma, com esse cálculo podemos descrever matematicamente uma série de formas pelas quais um ambiente pode mudar e estimar a que tipos de estratégias evolutivas essa variação pode direcionar.

Dessa forma, em um extremo há o ruído branco, sob o qual o ambiente é totalmente imprevisível. Já em um ambiente com um pouco mais de previsibilidade, o que temos é um ruído rosa. Por fim, na outra ponta do espectro, ruído vermelho. Steele (1985) comparou as bases dos sistemas ecológicos terrestres e marinhos e mostrou que o oceano é naturalmente um ambiente muito mais vermelho, em termos de temperatura e outras propriedades físicas, do que a terra. Pesquisas apontam que é em ambientes de ruído vermelho que o aprendizado social e, potencialmente, cultura evoluem (Heyes, 1994, 2012). Nesse tipo de ambiente, as mudanças, embora grandes, são suficientemente lentas para que aprender com outros membros da sua espécie seja a estratégia evolutiva mais produtiva (Whitehead, Rendell, 2014).

Sendo assim, em termos evolutivos, há três tipos de ambientes que impactam diretamente nas estratégias evolutivas de uma espécie, propiciando para a seleção natural formas diferentes de controlar esses

---

[7] Dolphins may need this network of relationships far more than humans do.

ambientes: de ruído branco, onde a variação normal no ambiente não faz muita diferença para a aptidão; de ruído rosa, que mudam a forma física de uma espécie, mas de maneiras que são quase completamente imprevisíveis; e de ruído vermelho, onde há mudança, mas acontece de forma relativamente lenta (Steele, 1985).

Em ambientes de ruído branco, os animais, de forma geral, confiam apenas em evolução genética para se adaptarem – por exemplo, os fringilídeos de Darwin, uma espécie de ave (Hairston *et al.*, 2005) e algumas espécies de Zygoptera, insetos popularmente conhecidos como donzelinhas e alfinete (Svensson e Abott, 2005); em um cenário de ruído rosa, a aprendizagem individual ou algum outro tipo de plasticidade fenotípica, ou seja, a capacidade de um indivíduo modificar o seu fenótipo (o conjunto de características observáveis de um organismo) devido à mudanças no ambiente (Agrawal, 2001) tende a ser a solução evolutiva – exemplo do pinguim-saltador-da-rocha (Tremblay, 2003).

Porém, em um ambiente vermelho, o aprendizado social, em termos evolutivamente econômicos, aparenta ser a maneira mais eficiente de se obter uma adaptação adequada às necessidades dos animais. Portanto, esses ambientes vermelhos são onde mais se espera qualquer tipo de comportamento cooperativo e cultura animal, exemplo dos humanos e, possivelmente, boa parte dos, se não de todos, cetáceos, incluindo as orcas (Whitehead e Rendell, 2014).

Detalhando mais esses dados, cabe destacar quais fatores são os mais relevantes para a adaptação de um animal. Um ponto essencial surge do fato de que todos animais dependem de outras espécies para seu sustento e destaca-se, por exemplo, a variabilidade na abundância de plantas ou animais nos oceanos, podendo um desequilíbrio nessa quantidade se tornar um problema crucial para determinada espécie. Essa variação é impulsionada, entre outros fatores, pelo clima, geralmente a temperatura (Dommenget e Latif, 2002; Hall e Manabe, 1997).

Para além disso, a cada passo acima na cadeia alimentar o ruído tende a ficar mais vermelho e, por conseguinte, as espécies maiores geralmente têm trajetórias populacionais mais vermelhas, assim como os mamíferos quando comparados com outros vertebrados (Inchausti e Halley, 2002). Portanto, predadores de alto nível trófico (que se localizam no topo da cadeia alimentar) que pertencem a grandes espécies de mamíferos podem viver em ambientes marcadamente vermelhos, em termos de disponibilidade de suas presas e, consequentemente, em condições que potencialmente favoreçam a aprendizagem social.

Além da variedade no ambiente físico e biológico, para alguns animais a variação no ambiente social pode ser tão importante quanto. Nessas espécies, o conhecimento adquirido dos pais (no caso das orcas, das mães) e membros do grupo em que um animal vive são vitais para superar cenários imprevisíveis. Portanto, o aprendizado social pode ser essencial quando um animal é confrontado com variações no ambiente social, destacando-se o caso de animais cuja vida social é intensa e complexa, animais como humanos, elefantes e orcas (Whitehead e Rendell, 2014).

1.1.6 A complexidade cerebral das orcas

Além de tudo isso, os cetáceos, sobretudo os odontocetos, também possuem cérebros grandes e complexos, que podem ter evoluído para lidar de forma satisfatória com as muitas informações aprendidas socialmente (Allman, 2000; Marino, 2006).

De forma específica, o cérebro de uma orca adulta é o cérebro que apresenta maior revestimento convoluto ou dobramento cortical, o que indica alto nível cognitivo. Além disso, o prosencéfalo, área responsável por controlar, por exemplo, as emoções, compreende uma proporção maior do volume total do cérebro de uma orca em comparação ao prosencéfalo humano. O neocórtex é também altamente desenvolvido e de tamanho relativo superior, com funções relacionadas ao controle dos movimentos voluntários e funções sensoriais, sobretudo em áreas de processamento de emoções e cognição social (Marino *et al.*, 2004).

Destaco três áreas do cérebro das orcas que, tanto em tamanho absoluto como relativo, são maiores do que na constituição do cérebro humano: o opérculo que envolve o lobo da ínsula, o próprio lobo da ínsula e, por fim, o lobo límbico. O opérculo tem relação com a fala em humanos, enquanto a ínsula está associada com a capacidade de ouvir e processar sons (Marino *et al.*, 2004).

Há a possibilidade de que parte do opérculo nas orcas inerve o trato respiratório nasal, origem da vocalização desses animais, uma vez que vários sons são modificados por estruturas associadas ao controle do fluxo de ar através da região nasal. Dessa forma, acredita-se que esse componente desempenhe uma função semelhante à do opérculo na fala humana. As evidências apontam para essa semelhança, dada a complexidade e variação acústica dentro do ecótipo residente (Marino *et al.*, 2004).

Por sua vez, o lobo límbico que, em humanos, está associado, entre outras coisas, ao processamento emocional e à formação de memórias, é extremamente evoluído nas orcas, muito maior e complexo do que no cérebro humano (Marino *et al.*, 2004). Além de um ampliamento no sistema límbico das orcas, a arquitetura celular no cérebro delas também aponta para uma vida emocional complexa. Em números relativos, as células fusiformes, associadas ao processamento da organização social e empatia, são encontradas em maior quantidade nas orcas do que em humanos (Bekoff, 2007).

Pode-se concluir, portanto, que, uma vez que a aprendizagem social é favorecida em ambientes vermelhos, e os ambientes mais vermelhos são aqueles compostos por populações de animais grandes, de sangue quente, que se alimentam em níveis tróficos elevados, vivem no oceano ou são mamíferos, a aprendizagem social e a cultura devem ser favorecidas principalmente entre predadores e posicionados no topo da cadeia alimentar, sobretudo quando a vida social também é importante e imprevisível para eles. Em outras palavras, mamíferos, inclusive e sobretudo marinhos, em destaque as orcas, tornam-se as espécies mais prováveis de seguirem esse caminho evolutivo-cultural (Laland e Brown, 2011).

Discutido tudo isso, podemos perceber que os oceanos e mares constituem um habitat onde estilos de vida cooperativos entre mamíferos é essencial. Os recursos do mundo aquático variam em escalas de espaço e tempo muito grandes e, para lidar com tamanha variedade, o conhecimento acumulado de outros indivíduos torna-se um recurso de grande importância. Para fazer um bom uso desse acervo de conhecimentos, um animal precisa de vários atributos: uma estrutura social com laços fortes, uma vida longa e uma capacidade cognitiva sofisticada (Whitehead e Rendell, 2014). As orcas exibem todos esses atributos.

Concluo este subcapítulo mais uma vez reforçando: a explicação dos fenômenos sociossemióticos sobre os quais este livro se debruça necessariamente me levou a explorar dimensões do fato biológico do objeto de estudo (Malheiros, 2004). Na abordagem sistêmico-funcional que adoto, há de se compreender as pressões evolutivas que moldaram o sistema semiótico sob estudo e, para tal, é essencial que as discussões alcancem o exterior desse sistema, no contexto social, cultural e ambiental (Eggins, 2004), entendendo o indivíduo como condicionado biológica e culturalmente, evoluindo o sistema semiótico a sê-lo como é. Com a descrição acima da organização social das orcas e as pressões socioecológicas associadas à sua formação, espero ter explicado parte desse processo.

1.2 Uma introdução aos sons produzidos pelas orcas residentes

Com foco nos estudos sobre orcas em geral, uma grande parte do que se conhece sobre a comunicação desses animais se limita a descrições de parâmetros acústicos (Ford, 1987; Filatova *et al.*, 2004). No entanto, essas medições são de utilidade limitada no que tange à descrição e interpretação dos significados sendo produzidos, pois tendem a ser descritas descontextualizadas, em muitos casos em razão a limitações metodológicas, uma vez que cetáceos vivem submersos e emergem por pouco tempo, dificultando a sua observação (Mann, 2017).

Além disso, embora vários estudos tenham correlacionado certos parâmetros acústicos de certas categorias de vocalizações com variação geográfica ou atividades específicas (Rehn *et al.*, 2010), as perguntas e respostas da biologia e cetologia tendem a, naturalmente, ser feitas sob um prisma não ancorado nas concepções da sociossemiótica, nos distanciando do que a minha investigação pretende discutir.

1.2.1 O conceito de aprendizagem vocal

Este subcapítulo pretende então introduzir os sons produzidos pelas orcas residentes na forma que está disposta na literatura. Para tal, apresento brevemente o conceito de aprendizagem vocal, tão comum nas discussões sobre comunicação animal, porém pouco difundido na tradição linguística ocidental (Janik e Slater, 1997, 1998). Embora seja um termo difundido principalmente em campos de estudos que não o linguístico, aprendizagem vocal é um conceito chave para entender, inclusive e sobretudo, como funciona a ontogenia (Halliday, 1975. Painter, 1984) da língua humana (Janik e Slater, 1997, 1998).

Um dos motivos que explica essa escassez de trabalhos sobre o tema sob um prisma linguístico decorre do fato de que nossos parentes evolutivos mais próximos, os outros primatas fora os humanos, não terem ainda nenhuma evidência convincente de aprendizagem vocal em níveis semelhantes aos que são observados em humanos (Janik e Slater, 1997, 2000). Contudo, outras espécies, além da humana, apresentam essa capacidade.

Na sua concepção mais comum, aprendizagem vocal pode ser definida como o processo responsável pela aprendizagem de sons, em que as vocalizações de um dado animal são modificadas como resultado da exposição a vocalizações de outros animais. É, em termos mais simples, a habilidade de produzir sons apenas ouvindo-os, em um processo de aprendizagem social (Whitehead e Rendell, 2014).

Esse processo tende a acontecer em duas fases. A primeira, a fase de aprendizagem sensorial, é a responsável pela escuta e a memorização das vocalizações de um ou mais tutores adultos (Doupe e Kuhl, 1999). A próxima fase é a de aprendizagem sensório-motora, na qual o animal desenvolve as habilidades motoras necessárias para a produção vocal normal de um adulto, modelada a partir do tutor que o acompanhou durante todo esse tempo (Wilbrecht e Nottebohm, 2003).

As vocalizações iniciais tendem a ser irregulares[8], mas os sistemas gradualmente se estabilizam e se tornam semelhantes aos de adultos. No entanto, deve-se destacar que essa sequência ontogênica não é em si uma evidência para a aprendizagem vocal (e, portanto, social), pois pode ser simplesmente resultado do amadurecimento físico dos órgãos de produção sonora dos animais em questão (Janik e Slater, 1997).

Evidências mais concretas podem ser encontradas em pesquisas sobre dialetos e variação geográfica e em exemplos de mimetismo de sons não encontrados no repertório natural de um animal (Janik e Slater, 1997; Egnor e Hauser, 2004), embora, em circunstâncias naturais, a maioria dos animais que aprendem suas vocalizações possuam uma predisposição para aprender apenas sons de membros da mesma espécie (Doupe e Kuhl, 1999). Os exemplos de vocalizações entre espécies distintas são bem documentados na literatura[9].

Em uma interface e possível retroalimentação entre cognição e complexidade social (Coussi-Korbel e Fragaszy, 1995), observou-se que a interação social reforça a aprendizagem vocal e o mimetismo em algumas espécies.

---

[8] Exemplos marcantes e bem estudados disso são os humanos em Doupe e Kuhl, 1999 e os pássaros em Marler e Peters, 1982.

[9] Por exemplo, em belugas (Eaton, 1979); focas-comuns (Ralls *et al.*, 1985); pardais (Marler, 1991); e elefantes africanos (Poole *et al.*, 2005).

Tyack e Sayigh (1997, p. 230) destacam: "A aprendizagem vocal pode fornecer um mecanismo por meio do qual o repertório vocal pode se desenvolver para se adequar ao sistema social particular vivenciado por um indivíduo"[10].

A imitação, ou mimetismo, resulta de um indivíduo que modifica suas vocalizações para imitar o som de outro animal, ou quando vários indivíduos convergem e desenvolvem propriedades acústicas semelhantes (Janik e Slater, 1998). Por exemplo, nos pássaros canoros, após um período de memorização e prática, machos jovens produzem cantos que são muito semelhantes aos dos seus tutores adultos, o que reflete imitação (Marler, 1991).

1.2.2 Por que aprendizagem vocal?

As razões pelas quais alguns animais, incluindo humanos, desenvolveram tal capacidade ainda são debatidas. Uma possível explicação é que a aprendizagem vocal evoluiu como um meio de aumentar a complexidade do sistema comunicativo para atender a uma necessidade crescente de reconhecimento de indivíduos, parentes ou parceiros sociais à medida que os sistemas sociais se tornaram mais complexos (Janik e Slater, 1997).

A complexidade estrutural dos sons produzidos serviria ao desenvolvimento de marcadores de grupo, em um cenário em que soar semelhante ao membro do mesmo grupo possivelmente poderia aumentar a aptidão da espécie. Mais uma vez exemplificando com pássaros, os repertórios dos cantos desses animais que defendem territórios como um grupo podem aumentar a aptidão se os cantos motivarem a cooperação dos vizinhos (Lachlan *et al.*, 2004).

É, possivelmente, o mesmo caso dos dialetos e das línguas humanas (Marler, 1998). Além disso, a língua humana pode ter evoluído como grandes repertórios de sons específicos de certos grupos como resultado da necessidade de cooperar de forma eficiente. O aumento do tamanho dos grupos pode ter decorrido do surgimento de maiores pressões de predadores após a mudança de habitats de áreas de floresta para savana aberta (Marler, 1998).

Para cooperar nesses grupos maiores e acompanhar parentes próximos e parceiros em potencial, sons complexos podem ter se tornado benéficos (Yurk, 2005). Essa não é uma particularidade humana: todas as

---

[10] Vocal learning may provide a mechanism whereby the vocal repertoire can develop to match the particular social system experienced by an individual.

espécies móveis, nas quais a associação com membros da mesma espécie é vantajosa, podem ter desenvolvido estratégias para manter a coesão do grupo, sobretudo se as mães e a sua prole frequentemente se separam (Janik e Slater, 1998).

Nos humanos, a língua é aprendida do tutor pela criança através do processo de aprendizagem vocal. Esse processo é comum entre pássaros (Kroodsma e Miller, 1996), mas menos estudado e raro em mamíferos. Entre os mamíferos, além dos humanos, aprendizagem vocal foi observada apenas em cetáceos (Caldwell e Caldwell, 1972; Richards *et al.*, 1984; Payne e Payne, 1985; Janik e Slater, 1997), focas (Ralls *et al.*, 1985) e alguns morcegos (Jones e Ransome, 1993; Boughman, 1998). Entre os cetáceos, as orcas são um grande exemplo de complexidade vocal e, aparentemente, uma das poucas espécies em que parece existir uma relação de realização entre sistemas linguístico-culturais (Yurk, 2005).

1.2.3 A complexidade vocal das orcas

Como dito anteriormente, esses animais são umas das poucas espécies cujos sistemas semióticos e organização social parecem ter uma relação direta e clara (Yurk, 2005), tornando-as excelentes objetos de estudo para investigações comparativas sociossemióticas.

Para entender o sistema semiótico que possa ter evoluído na espécie das orcas, é importante primeiro retornar, mais uma vez, ao ambiente em que vivem. Aqui reforço a necessidade de se analisar o objeto em toda sua realidade biológica, para assim ter uma visão mais clara da possível cultura desses animais e do sistema que a realiza (Malinowski, 1939).

Como já comentei anteriormente, as orcas vivem em um ambiente tridimensional. As características desse ambiente podem ter favorecido a evolução da aprendizagem vocal na complexidade observada hoje, uma vez que, em um ambiente dessa natureza, os órgãos de produção sonora se comprimem e levam a mudanças nas estruturas sonoras. Dessa forma, para produzir os mesmos sons de maneira eficiente em diferentes profundidades, os mamíferos marinhos precisam ter controle voluntário sobre a produção dos sons que produzem (Tyack e Sayigh, 1997).

Ainda, na água o som viaja cerca de quatro vezes mais rápido do que no ar, além de ser menos atenuado no ambiente aquático. Embora alguns sons de mamíferos terrestres viagem por quilômetros – uivos de lobos, por exemplo (Mcleese, 2010) –, a maioria dos sons desses animais tem um alcance mais curto. Em contraste, um grande número de sons de mamíferos marinhos pode ser ouvido em distâncias que superam vários quilômetros (Tyack e Miller, 2002), tornando o oceano o ambiente ideal para se produzir significados através da modalidade sonora.

Outra característica importante para entender a complexidade vocal das orcas é a bagagem evolutiva como animais terrestres que elas trouxeram para o oceano. As orcas, assim como outros mamíferos marinhos, passaram por evoluções e adaptações das estruturas respiratórias que os vertebrados terrestres desenvolveram ao longo de milhões de anos: narizes, vias nasais e pulmões. A partir dessas adaptações, as orcas produzem os seus sons de formas únicas, uma vez que as densidades distintas do oceano permitem que as vibrações das membranas sejam transmitidas de forma bastante eficiente na água (Whitehead e Rendell, 2014).

Uma audição apurada foi outra característica herdada dos mais de 350 milhões de anos de história evolutiva terrestre pelas orcas, de modo que se tornaram capazes de explorar a importância do som no oceano (Whitehead e Rendell, 2014). Pesquisas anteriores demonstraram habilidades excepcionais de discriminação de frequência dos delfinídeos (golfinhos, toninhas, belugas e narvais): são animais que podem discriminar sons tonais que diferem em apenas 0,2–0,8% da frequência básica de um tom (Thompson e Herman, 1975).

Por fim, esses animais chegaram ao oceano com cérebros relativamente grandes e complexos e, no caso dos cetáceos, os cérebros tornaram-se muito maiores, tanto em tamanho absoluto quanto relativo à massa corporal (Marino *et al.*, 2003; Marino *et al.*, 2008), o que pode ter contribuído para a complexidade social e semiótica das orcas (Sewall, 2005).

1.2.4 O repertório de sons das orcas: cliques, assobios e chamadas pulsadas

Dentro desse cenário de grande complexidade social e em um ambiente físico propício para a propagação de sons, as orcas, como os outros odontocetos, evoluíram uma grande variedade de vocalizações, de forma geral, para dois propósitos: navegação e comunicação (Shields, Jones e Renn, 2009).

Tradicionalmente, as vocalizações, de naturezas diferentes e realizando funções[11] diversas, podem ser divididas em três categorias mais gerais: cliques, assobios e chamadas pulsadas (Shapiro, 2008). O modelo tradicional para classificar as vocalizações, em geral, assume que essas categorias são discretas; no entanto, os cliques e assobios podem estar em extremidades opostas de um contínuo e as chamadas pulsadas no centro (Murray *et al.*, 2003), porém essa questão carece de estudos mais aprofundados e, portanto, aqui mantenho a distinção discreta entre as três categorias.

Ademais, as orcas são dotadas de uma boa visão e parecem fazer um certo uso de linguagem corporal, mas, uma vez que a visibilidade embaixo d'água é de apenas 50 metros, a modalidade acústica é possivelmente o principal meio pelo qual orcas produzem e trocam significados (Ford, Ellis e Balcomb, 2000). Deve-se destacar que sabemos consideravelmente mais sobre os sons e as estruturas sociais orcas residentes do Pacífico Norte. No entanto, estima-se que os sistemas de outros ecótipos que se alimentam de peixes em outras partes do mundo também sejam complexos (Strager, 1995; Riesch *et al.*, 2012).

s cliques são emitidos em sequências rápidas e usados como sons de ecolocalização para navegação, detecção de presas e outras orcas, além de possivelmente comunicação (Simon *et al.*, 2007): os ecos desses cliques permitem que os animais consigam navegar e ter uma percepção dos seus arredores.

São cliques ultrassônicos de menos de um milisegundo de duração, emitidos em séries repetitivas que podem durar 10 segundos ou mais. A taxa de repetição dos cliques varia de alguns poucos até 200 cliques por segundos; essa variação parece ocorrer de acordo com fases diferentes durante a caça e outras atividades – à grosso modo, cliques mais lentos usados para navegação e orientação e repetições rápidas para investigar objetos e presas mais próximas –, como apresentarei com mais detalhes adiante (Simon, Wahlberg e Miller, 2007).

Os outros dois tipos de sons, assobios e chamadas pulsadas, são usados para comunicação social dentro e entre grupos. Assobios são sons agudos, acusticamente complexos e de intensidade relativamente baixa que tendem a ser associados a interações de curta distância entre indivíduos, possivelmente para negociar relações sociais em uma série de atividades diferentes (Ford, 1989; Miller, 2006).

---

[11] Neste trecho, "função" está sendo usado como um termo do senso comum e não como um termo técnico da teoria sistêmico-funcional.

Em algumas ocasiões são produzidos em sequência e também exibem diferenças acústicas consideráveis que aparentam desempenhar funções distintas, como assobios ultrassônicos. Especula-se que assobios ultrassônicos sejam produzidos para comunicação de alcance consideravelmente curto a fim de evitar que outras orcas ouçam as vocalizações (Riesch *et al.*, 2006; Filatova *et al.*, 2012).

Cabe destacar que alguns assobios parecem ser compartilhados entre orcas de diferentes grupos da mesma comunidade e que, portanto, não usam o mesmo repertório de chamadas pulsadas, mas interagem e cruzam entre si (Riesch *et al.*, 2006) – uma espécie de língua franca para orcas que usam dialetos distintos. As medições dos parâmetros indicam que os assobios das orcas são muito mais complexos do que os assobios descritos para outros delfinídeos; são comparativamente mais longos em duração e contêm um maior número de modulações de frequência (Thomsen, Franck e Ford, 2001). São mais frequentemente observados durante uma série de atividades sociais diferentes (Thomsen, 2002).

O último tipo geral de vocalização das orcas são as chamadas pulsadas. São o tipo de vocalização mais frequente nas gravações em estudos de campo e, portanto, mais presente na literatura (Riesch, Ford e Thomsen, 2008). São vocalizações de alta intensidade e complexas, podendo ser ouvidas a até 10 km no oceano (Miller, 2006).

Por conseguinte, são mais usadas durante comportamentos em que os animais estão muito distantes, enquanto viajam e caçam. A maioria das chamadas se enquadra em tipos de chamadas discretas (Ford, 1984), porém existem também chamadas variáveis, que não são organizadas em categorias estruturais claramente definidas por variarem muito e chamadas aberrantes, incluindo características acústicas baseadas em uma chamada discreta, mas que são altamente modificadas ou distorcidas na estrutura acústica (Ford, 1989).

Cada tipo de chamada pulsada parece exibir funções diferentes: as discretas como vocalizações de longa distância para manter coordenação e coesão do grupo, ao passo em que as variáveis e aberrantes são ouvidas em contextos de atividades mais sociais, desempenhando funções semelhantes aos assobios, sendo, também, de menor alcance (Ford, 1989; Rehn *et al.*, 2011).

Ainda, muitos tipos de chamadas contêm componentes de alta e baixa frequência modulados de forma independente, que possivelmente desempenham funções independentes e distintas (Ford, 1989; Miller,

2002). Cada grupo de orcas produz um número e tipo específicos dessas chamadas discretas, que juntas formam seu dialeto (Conner, 1982). Acredita-se que funcionam como sons de contato de longo alcance e como "distintivos acústicos" (Ford, 1991), permitindo que membros de um grupo possam facilmente distinguir as chamadas das orcas dos mesmos grupos dos de grupos diferentes.

Os dialetos também podem funcionar como indicadores de parentesco e assim servir para escolher parceiros, a fim de evitar consanguinidade (Yurk, 2005). Nenhuma chamada parece ter relação exclusiva com uma certa atividade, mas algumas parecem ser mais ou menos frequentes dependendo do contexto, bem como a sequência de uma para outra (Ford, 1989, 1991; Miller *et al.*, 2004).

O dialeto do grupo é aprendido por cada indivíduo, imitando sua mãe durante a infância, mas também há evidências de aprendizagem em estágios mais tardios na vida desses animais (Filatova, Burdin e Hoyt, 2010; Wang e Minett, 2005), além de aprendizados entre membros do mesmo grupo, em um processo de aprendizagem horizontal (Deecke *et al.*, 2000; Filatova, Burdin e Hoyt, 2010; Wang e Minett, 2005). As distinções entre os dialetos são tão grandes que mesmo um ouvinte inexperiente pode discernir imediatamente as diferenças (Whitehead e Rendell, 2014).

Essas chamadas exibem variação específica de grupo no nível do repertório, bem como na estrutura dos tipos de chamadas individuais, com todos os membros de uma unidade matrilinear compartilhando um repertório comum de 7 a 17 tipos de chamadas (Ford, 1991). Alguns deles podem ser compartilhados com outras unidades matrilineares em que há possivelmente uma ancestralidade compartilhada, formando os *clãs*. No entanto, os tipos de chamadas compartilhadas geralmente mostram algum grau de variação estrutural específica do *grupo*, além da taxa de uso de certos tipos de chamadas em detrimento de outros (Ford, 1991; Deecke *et al.*, 1999; Miller e Bain, 2000; Nousek *et al.*, 2006).

Por fim, estipula-se que o estado emocional de um indivíduo seja refletido nos tipos de chamadas que ele escolhe usar e também na forma como a chamada é produzida. Por exemplo, em momentos de excitação, as orcas aumentam o tom e encurtam a duração da chamada. Além disso, pesquisas apontam que cada orca produz chamadas de uma forma consistente, mas sutilmente diferente das outras do seu grupo, de forma a codificar a sua identidade no som produzido. Com esse sistema de comunicação, as orcas parecem ser capazes de transmitir a identidade individual e do grupo social a que pertencem, a sua localização e estado emocional para as integrantes do seu ciclo social, de forma a preservar a coordenação, coesão e integridade nas associações que engajam durante toda a sua vida (Ford, Ellis e Balcomb, 2000).

Todos esses padrões, específicos de cada *grupo* e transmitidos socialmente, encontram paralelo em outras espécies; contudo, alguns aspectos das orcas, como os dialetos, são raros e não são encontrados em outras espécies fora a humana. Para efeitos de comparação, várias espécies de primatas apresentam hábitos e práticas específicas, assim como pássaros (Russel e Russel, 1990; Whiten *et al.*, 1999; Baler e Cunningham, 1985). Contudo, os dialetos, dietas e práticas específicas são resultado de diferenças geográficas: em um lugar se comportam de uma maneira e em outro, de outra. Assim como humanos, os diferentes *grupos* e *clãs* de orcas são simpátricas, ou seja, compartilham a mesma região geográfica e, em muitos momentos, interagem entre si. Outro contraste que chama atenção é que os comportamentos vistos nas orcas parecem abranger os comportamentos vocais e físicos, fato raro em espécies animais fora os humanos (Whitehead e Rendell, 2014).

Quanto às suas classificações, as chamadas pulsadas são aquelas as quais passaram por uma maior sistematização, sendo já categorizadas em um catálogo (Ford, 1987), cabendo destacar que as orcas residentes são divididas em duas *comunidades*: do norte e do sul. A *comunidade* do norte é compreendida por três *clãs:* A, G e R, que são então compostas de vários *grupos* diferentes. Por sua vez, a *comunidade* do sul é consideravelmente menor, de forma a estar correndo risco de extinção. Em contraste com a *comunidade* do norte, a do sul é composta por apenas um *clã* (J), que por sua vez é composto por três *grupos* (J, K, L) (Ford, Ellis e Balcomb, 2000).

Neste livro, trato das orcas residentes como um único ecótipo, homogêneo e monolítico. Essa estratégia de pesquisa oferece os seus problemas, uma vez que as variações de comportamento variam inclusive entre unidades matrilineares, de forma que *comunidades* distintas possuem as suas particularidades (Shields, 2019). Porém, dadas as limitações metodológicas como, por exemplo, um número ainda reduzido de trabalhos, a escolha se justifica para que se possa basear as suas conclusões a partir de dados mais robustos e, assim, iniciar uma concepção da complexidade semiótica dessa espécie. Espera-se que os resultados dispostos aqui possam motivar futuras pesquisas que tenham *comunidades, clãs, grupos* e unidades matrilineares específicas como objetos de estudo, para que possamos aprofundar cada vez mais o nosso conhecimento.

Isto posto, como dito acima, as duas *comunidades* residentes já tiveram o seu repertório de chamadas catalogado Ford, 1987). Para as residentes do norte, cada chamada é designada pela letra "N", seguida por um número. A numeração se dá simplesmente pela ordem de identificação, não havendo qualquer tipo de relação hierárquica entre elas. Cada chamada possui subtipos, que são catalogados com "i", "ii" ou "iii" após o número. Por sua vez, as chamadas das residentes do sul são categorizadas da mesma forma, porém são designadas pela letra "S".

Baseado em todas essas informações, investigo a diversidade do capital simbólico (Rose, 2001) das orcas residentes. Pretendemos investigar essa diversidade simbólica em termos de variação (i.e., diversidade), de forma a observar a complexidade do sistema delas, em que pode haver também a existência do plano do contexto (Martin, 1992). Para compreendermos a extensão da variação do sistema desses animais, abordaremos os conceitos de gênero e registro.

1.3 O plano do contexto e os Estudos da Tradução

Foi a partir dos anos 1990 (Martin, 1992; Martin e Eggins, 1997) que um novo plano, além daqueles do conteúdo e da expressão (semântica e lexicogramática no conteúdo, e fonologia na expressão) foi desenvolvido dentro da LSF e passou a ser elaborado: o plano do contexto, dividido em dois estratos: o do gênero (contexto de cultura) e do registro (contexto de situação) – conceitos estes que já haviam sido introduzidos na teoria anteriormente, porém sem uma maior sistematização sobre e entre ambos, sendo posicionados, por exemplo, em estratos e, portanto, planos diferentes (Halliday, 1978).

Essa linha de raciocínio surgiu da percepção sistêmica dos textos como processos sociais que precisam ser analisados como manifestações de uma cultura, que, por sua vez, é em grande parte construída pelos textos. Em outras palavras, a partir dessa evolução teórica, a LSF tornou-se capaz de teorizar não apenas o sistema linguístico que simboliza a cultura: tornou-se, também, responsável por uma teoria de contextos – contextos com relação aos quais as línguas estão umbilicalmente relacionadas e a partir dos quais evoluíram (Martin, 1992).

Nesse sentido, com base em uma complexa relação entre contexto e língua, o contexto passou a ser conceituado como um sistema semiótico (ou sistemas) em si, porém de um tipo específico: um sistema semiótico conotativo – que precisa de outro sistema semiótico para sua realização –, sendo realizado de forma simbólica pela língua, um sistema semiótico denotativo – que funciona como o plano de expressão de um sistema semiótico conotativo (Martin, 1992) –, reforçando a noção da relação natural entre contexto e língua (Halliday, 1978).

Nessa relação entre contexto e língua, pode-se dizer que a língua é uma metáfora para a realidade social – cultura, contexto –, ao passo que a realidade social também é uma metáfora para a língua, uma vez que os fenômenos externos e internos – que também são condicionados culturalmente (Lemke, 1993) –, as relações sociais entre os membros de uma comunidade e as demandas culturais/contextuais constrangem as configurações linguísticas (Lemke, 1991, 1993).

Analisada sob esse prisma, a língua interfere na realidade social ou, dito de outra forma, o mundo semiótico atua sobre o mundo material, enquanto que o inverso também acontece: a realidade social atua sobre a realidade semiótica. Embora, por propósitos analíticos, seja possível separar as ordens semióticas das materiais, em última instância semiose e matéria são interdependentes (Williams e Lukin, 2004). Os sistemas semióticos necessitam de uma base material para que possam ser expressados; por sua vez, a matéria é dependente da organização semiótica (Halliday, 2002).

Em outras palavras, ao passo que cada significado precisa ser realizado através de uma expressão material (através da fala, a partir dos padrões sonoros; através da escrita, a partir de alguma forma organizada de marcação na página ou qualquer outro tipo de superfície), a ordem material depende do significado, uma vez que não temos acesso ao mundo material que não seja mediado por algum tipo de sistema semiótico, que por sua vez é sempre cultural, fruto da evolução de convenções sociais e, portanto, dependente de distribuições probabilísticas específicas de cada comunidade (Lemke, 1993; Williams e Lukin, 2004).

Dessa forma, é através da língua, o principal sistema semiótico que evoluiu na espécie humana, que temos acesso ao mundo ao nosso redor, uma vez que "o mundo, embora limitado pelas leis da física, é um lugar que não pode ser rotulado"[12] (Edelman, 1992 p. 99). Assim sendo, sem a língua para organizar a nossa experiência, a vida seria um "caos perceptivo" (Saussure, 1971, p. 112), de forma que a língua é o principal recurso para compreendermos a nossa experiência e produzirmos significados dentro dela (Halliday e Matthiessen, 1999), sempre dependendo de um meio material para que o fenômeno de produção de significado possa acontecer.

A partir disso, o contexto de cultura passa a ser analisado como um sistema de processos sociais (de gêneros), sendo este realizado pelo registro (contexto de situação), o sistema semiótico constituído das variáveis de campo, sintonia e modo. De forma análoga, a língua passa então a ser a expressão do registro, este último atuando como a interface entre contexto e língua. Assim sendo, o registro é organizado em relação às suas variáveis e o gênero passa a ser interpretado como o conjunto de processos sociais sistemicamente relacionados, concentrando-se assim na integração e coordenação dos significados gerados pelas configurações das variáveis do registro (Martin, 1992).

Com a evolução desses conceitos e a consequente aplicação na prática, sobretudo nos ambientes educacionais (Martin e Rose, 2008), gêneros também passaram a ser descritos como "processos sociais com uma ordem sequencial específica e objetivo definidos" (Martin e Rose, 2008; Rose, 2019).

Mais especificamente, gêneros podem, portanto, ser definidos como uma configuração recorrente de significados, cujas configurações recorrentes representam as práticas sociais de uma dada cultura (Martin e Rose, 2008). Assim sendo, ao passo que os registros realizam os gêneros e estabelece interface com a língua, sendo essa ponte estabelecida pelo estrato semântico-discursivo e, de forma metarredundante com todo o sistema linguístico (Lemke, 1993), à medida que o registro varia, os padrões de significado de um texto variam junto, afetando todas as escolhas linguísticas (Martin e Rose, 2008).

---

[12] The world, although constrained by physical laws, is an unlabelled place.

Figura 4: Estratificação do contexto e da língua

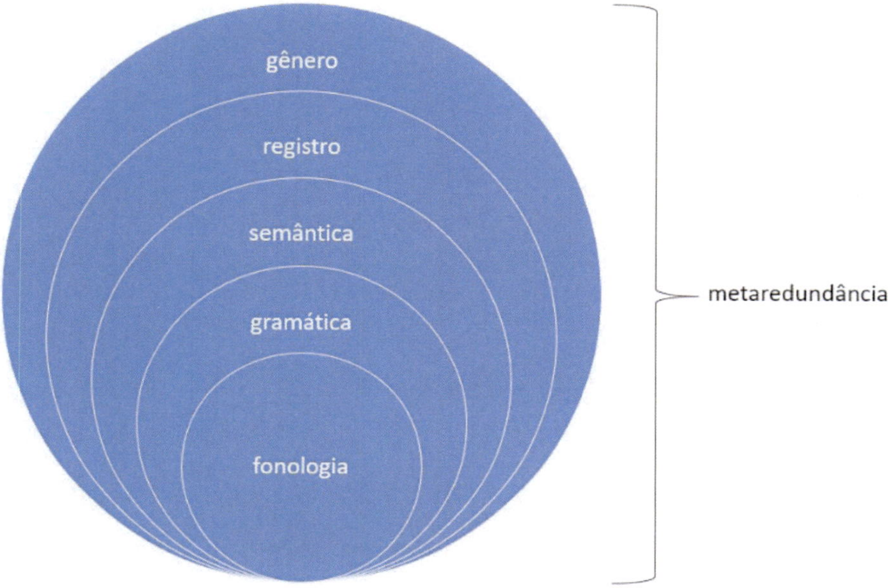

Fonte: Elaborada pelo autor

Dessa maneira, à medida que a língua realiza os contextos sociais (os registros), cada dimensão de um contexto social é realizada por uma dimensão funcional específica da língua: as metafunções ideacional, interpessoal e textual (Martin, 2000).

Quadro 1: Correlação entre registro e metafunção

REGISTRO		METAFUNÇÃO	
sintonia	tipos de relações sociais	**interpessoal**	encenação
campo	a ação social que está acontecendo	**ideacional**	representação
modo	o papel da língua	**textual**	organização

Fonte: Traduzida e adaptada de Martin e Rose (2008, p. 11)

Figura 5: Estratificação do contexto (gênero e registro) e realização metafuncional[13] na língua

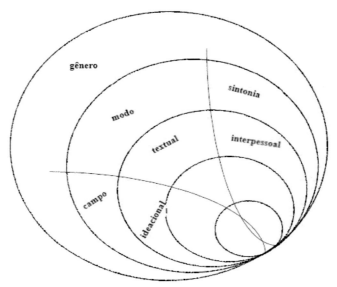

Fonte: Traduzida e adaptada de Martin (2009, p. 557)

Com foco nos Estudos da Tradução, reconhece-se certas propriedades do processo tradutório que são diretamente afetadas por diferenças de registro entre a Língua Fonte (LF) e Língua Alvo (LA) (Neumann, 2008), bem como de gênero (Fernandes, 1998). Uma vez que qualquer uso de um dado sistema linguístico em uma dada situação de uso não é resultado de preferências arbitrárias, mas sim de opções disponíveis no sistema que são condicionadas tanto pelo que um gênero sanciona e institucionaliza na cultura, bem como determinado por configurações pela situação de uso e suas variáveis (registro), a prática tradutória é permeada pelas diferentes formas que LF e LA simbolizam as suas culturas, que por sua vez resultam em realizações linguísticas distintas, tanto no eixo paradigmático como sintagmático (Neumann, 2012).

---

[13] De acordo com a LSF, os significados da língua se organizam a partir da hipótese metafuncional, segundo a qual a língua evoluiu para produzir três tipos de significados diferentes: metafunção ideacional, responsável por representar o mundo externo e interno; metafunção interpessoal, responsável por negociar e encenar as relações sociais; e metafunção textual, responsável por organizar os dois tipos de significados anteriores e unificá-los de forma a produzir textos.

Assim sendo, ressalta-se a importância da disponibilidade de tipologias que possam oferecer subsídios contrastivos entre gêneros e registros das LF e LA, uma vez que são culturas diferentes e a cultura condiciona a natureza do sistema linguístico (Halliday, 1994). Ademais, a análise de registro já foi aplicada para outros fins de tradução, como análise do TF (Hatim e Mason, 1990; Steiner, 1998) e avaliação de tradução (House 1997, 2016).

Dessa forma, a partir da descrição contextual e linguística, as modelagens sistêmicas atuam como fundamentação e subsídio para campos nos quais a língua desempenha papel fundamental na compreensão e processo, como é o caso da tradução. Mais especificamente, para a visão de tradução desenvolvida pela análise linguística a partir das abordagens sistêmicas (Pagano e Vasconcellos, 2005), uma vez realizada a descrição contextual e linguística, é possível, então, passar à abordagem do contato linguístico entre LF e LA e as suas diferenças (Figueredo, 2011).

Nesse sentido, do ponto de vista dos estudos da tradução, autores tanto dos estudos linguísticos quanto dos estudos da tradução apontam que há necessidade de descrições culturais e linguísticas capazes de explicar a complexidade da produção e comparação de textos em mais de um sistema (Catford, 1965; Ivir, 1981; Matthiessen, 2008).

Assim sendo, uma vez que um dos problemas comuns da pesquisa sobre tradução de base sistêmico-funcional deriva de uma ausência da descrição, em termos sistêmicos, das línguas e das culturas que simbolizam (Figueredo, 2011), faz-se necessário que um número cada vez maior de sistemas conotativos (contexto: gênero e registro) e denotativos (sistema linguístico) sejam descritos como passo fundamental para a realização de traduções entre LF e LA, tendo em vista a importância da comparação para o estudo da tradução (Figueredo, 2011).

1.4 A abordagem sistêmica da LSF

Este subcapítulo apresenta as convenções que se desenvolveram dentro da LSF a partir dos anos 1960 (Halliday, 2002) para a implementação de uma ferramenta representacional indispensável na teoria: a rede de sistemas.

Entre os linguistas que influenciaram os pensamentos de Halliday – sobretudo o seu próprio professor, Firth (1957), mas também outros como Hjelsmlev (1961), por exemplo – e os que adotaram a sua visão, pode-se destacar Saussure entre um desses nomes. No que diz respeito ao linguista suíço, uma de suas maiores inspirações teóricas para a LSF advém da sua concepção de significado. Para Saussure, o significado é resultado de uma relação entre signos, cujo nome ele dá de *valeur*. Sob essa ótica, toda língua é um sistema de signos, e o estudo das relações entre signos, onde há a produção de significado, é o objeto de estudo da Linguística (Saussure, 1971; Martin, 2013).

Hjelmslev (1947) nos dá um exemplo clássico para compreender a noção de valeur como a relação entre signos: o caso das diferentes cores dos sinais de trânsito. Nesse sistema, a sua configuração indica o fato de que existem três signos alternativos com relações específicas entre si (ou seja, o valeur deles), de forma que cada um produz um significado distinto, produto da própria relação de distinção entre eles.

Figura 6: Noção de valeur exemplificada no caso do sinal de trânsito

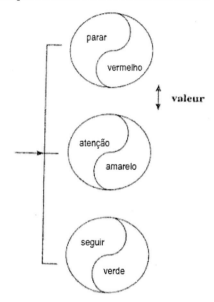

Fonte: Adaptada e traduzida de Martin (2013, p. 3)

Como podemos ver com esse exemplo, para capturar e modelar as relações sistêmicas presentes em sistemas semióticos, partindo da concepção de que o significado reside nas relações alternativas entre signos dentro de sistemas, a LSF lança mão de redes de sistemas. Assim, as redes são ferramentas para representar o potencial de significado de um sistema semiótico, uma vez que nos permite observar as relações estabelecidas entre signos distintos (o valeur deles) no processo de produção de significado. De tal forma, a noção sistêmica representa um dos componentes do conceito de eixo na LSF: o eixo paradigmático, ao passo que o sintagmático compõe o outro. Em termos sistêmico-funcionais, o eixo representa, respectivamente, as relações sistema-estrutura que existem em determinados sistemas semióticos (Martin, 2013).

Assim sendo, ao passo que, através da noção de paradigma, nos debruçamos sobre as formas como as quais sistemas semióticos são representados em redes de sistemas, no que tange ao eixo sintagmático é a noção de estrutura que importa, de forma a nos ajudar a compreender como os sistemas são motivados e realizados através de configurações estruturais (Martin, 2013).

Dessa forma, pode-se entender que os elementos em uma língua podem ser observados a partir de dois pontos de vista diferentes, mas complementares: 1) as relações paradigmáticas entre elementos que se desenrolam ao longo da produção de significado e elementos que poderiam ter sido selecionados no lugar deles, mas não foram; e 2) as relações sintagmáticas ou estruturais entre elementos à medida que eles se desenrolam.

Como dito acima, para a perspectiva sistêmico-funcional, essas relações se referem a relações sistema-estrutura. Segundo Firth (1968, p. 186), o "primeiro princípio da análise fonológica e gramatical é distinguir entre estrutura e sistema". Sendo assim, para a LSF, analisar relações semióticas significa ter foco tanto na sequência de itens (eixo sintagmático) como nas suas possibilidades de substituição de um pelo outro (eixo paradigmático) (Martin, 2013).

Isto posto, cabe destacar que a LSF privilegia as relações paradigmáticas, uma vez que é através das redes de sistemas que se observa o fenômeno de produção de significado e o paradigma é tratado, então, como o princípio de organização, ao passo que as estruturas do eixo sintagmático são derivadas das opções nos sistemas. Portanto, é a partir dessa forma de representação que privilegia a organização sistêmica, dessa notação gráfica chamada de redes de sistemas, que a LSF parte para explicar o fenômeno de produção de significado, o valeur de cada signo dentro do sistema (Martin, 2013).

Tendo esses pontos esclarecidos, agora considero pertinente me deter propriamente sobre a forma como a LSF lança mão das redes de sistemas. Começando a partir de um sistema simples, podemos observar a presença de duas opções, [a] e [b], que representam fenômenos semióticos gerados pelo sistema. Dentro da tradição de notação sistêmica consagrada na teoria, as opções são escritas em fonte minúscula e posicionadas no extremo direto de colchetes (Martin, 2013).

A seta posicionada entre as duas opções atua como indicadora da condição de entrada do sistema, de forma a conectar as opções como integrantes de um mesmo sistema. A partir dessas convenções, o sistema exibe a possibilidade de escolha mutuamente excludente entre a opção [a] ou opção [b]. É possível que um sistema apresente mais de duas opções, mas a tendência é que haja a presença de apenas duas. Por sua vez, os nomes dos sistemas são escritos em versalete, acima da seta. Se o sistema tiver duas palavras em seu nome, uma palavra pode ser escrita acima da seta e outra abaixo. Sistemas sem um nome específico podem ser referidos em termos de suas opções – por exemplo, abaixo teríamos o sistema [a/b] (Martin, 2013).

Figura 7: Sistema simples

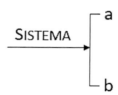

Fonte: Traduzida e adaptada de Martin (2013, p. 14)

Como dito acima, todos os sistemas possuem uma condição de entrada (ponto de origem), de forma a permitir acesso a um sistema específico. No exemplo abaixo, podemos perceber como as opções [e] e [f] têm a opção [b] do primeiro sistema como condição de entrada. Dessa forma, o sistema representa [e] e [f] como subclasses de [b] e o sistema é lido como mais delicado (detalhado) que o sistema [a/b]. Delicadeza é um conceito importante da teoria, usado no sentido de uma escala de especificidade entre sistemas (Martin, 2013).

Figura 8: Opção [b] de um sistema menos delicado servindo como condição de entrada para o sistema [e/f]

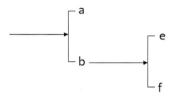

Fonte: Adaptada de Martin (2013, p. 15)

No que diz respeito a sistemas e relações entre sistemas mais complexos, podemos observar os casos em que dois ou mais sistemas compartilham uma condição de entrada. Na notação sistêmica, a chave virada para a direita atua como forma de representar simultaneidade de condição de entrada, de forma que, no exemplo abaixo, os sistemas [a/b/] e [c/d] partem de uma mesma origem semiótica. Mais tecnicamente, diz-se que esses dois sistemas cosselecionam a opção [x], com a chave exibindo que, a partir da seleção de [x], os dois sistemas seguintes também precisam ser selecionados; por sua vez, cada opção de cada sistema precisa ser selecionada de forma mutuamente excludente. Nesse caso, poderíamos ter as combinações [a/c], [a/d], [b/c] e [b/d] (Martin, 2013).

Figura 9: Sistemas simultâneos

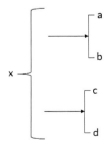

Fonte: Adaptada de Martin (2013, p. 15)

Ademais, temos sistemas cujas condições de entrada em si são complexas: quando uma condição de entrada consiste em mais de uma opção, em um caso de conjunção na condição de entrada. Essas conjunções na condição de entrada são representadas por chaves viradas para a esquerda, em que a chave permite observar uma combinação de opções na condição de entrada. Para tal, linhas são desenhadas a partir de condições de entrada distintas, como no caso abaixo em que o sistema [e/f] tem [b] e [c] como condições de entrada. Ou seja, o sistema [e/f] só pode ser selecionado caso as opções [b] e [c], originalmente opções de sistemas distintos que compartilham a mesma condição de entrada, sejam selecionadas como condição de entrada em conjunção (Martin, 2013).

Figura 10: Conjunção na condição de entrada

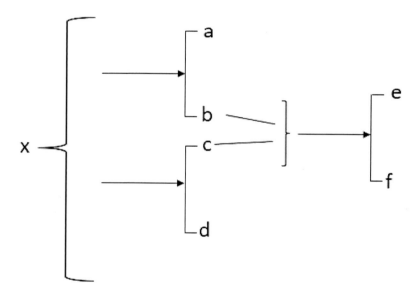

Fonte: Adaptada de Martin (2013, p. 17)

Por fim, podemos também observar a possibilidade de uma disjunção na condição de entrada. Nesse caso, a partir do exemplo do sistema abaixo, podemos notar como o colchete voltado para a esquerda indica que tanto [b] e [c] podem atuar como condição de entrada do sistema [e/f], mas não simultaneamente (Martin, 2013).

Figura 11: Disjunção na condição de entrada

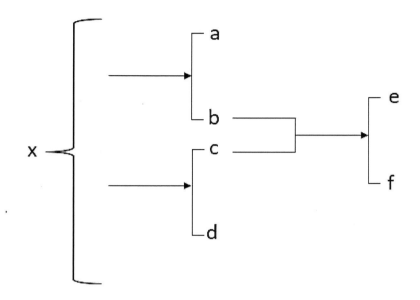

Fonte: Adaptada de Martin (2013, p. 17)

Cabe destacar que condições de entrada mais complexas, bem como sistemas mais complexos, são possíveis, mas, para os fins deste subcapítulo, que objetiva apenas apresentar as convenções para o desenho de redes de sistema, pararemos por aqui. No quadro abaixo, que resume as convenções e tipos de sistemas apresentados neste subcapítulo, para exemplificar a variedade e complexidade envolvida no desenho de sistemas, apresentam-se também dois casos adicionais: quando há restrição na condição de entrada e quando o sistema é iterativo (Martin, 2013).

Quadro 2: Resumo das convenções que norteiam a aplicação de redes de sistemas na LSF

	Sistema: Se 'a', então 'x' ou 'y' → a : x / y
	Disjunção na condição de entrada: Se 'a' ou 'b', então 'x' ou 'y' → a / b : x / y
	Conjunção na condição de entrada: Se 'a' e 'b', então 'x' ou 'y' → a & b : x / y
	Sistemas simultâneos (cosseleção): Se 'a', então 'x ou y', e 'm ou n' → a : x / y & m / n
	Ordenação por delicadeza: Se 'a', então 'x' ou 'y'; se 'x', então 'm' ou 'n' → a : x / y; x : m / n → [a : x : m; a : x : n]
	Restrição na condição de entrada: Se 'x', então também 'm' → x *→ & →* m
	Sistema iterativo (componente lógico): Se 'a', então 'x' ou 'y' e, simultaneamente, opção para selecionar do mesmo sistema novamente.

Fonte: Matthiessen e Halliday (1997, p. 98)

1.5 A evolução da língua segundo a LSF

Este subcapítulo se debruça brevemente sobre a forma como a LSF tem estudado o fenômeno de evolução linguística. Esse passo se faz necessário para introduzir o conceito de protolíngua, que será melhor detalhado no subcapítulo seguinte. Ademais, também servirá para que, na análise dos dados, seja possível cotejar as pressões seletivas que existiram para que o sistema linguístico humano evoluísse da forma que evoluiu com os dados que dispomos, bem como aqueles que existem sobre as orcas residentes, de forma a problematizar a generalização que afirma que todos os mamíferos de sangue quente possuem apenas uma protolíngua (Fase 1, como logo mostrarei) (Matthiessen, 2004).

1.5.1 Um sistema semiótico de quarta ordem superior

A partir de uma perspectiva que analisa a língua em relação a outros sistemas de ordens inferiores de complexidade, teóricos da LSF propuseram interpretações sobre a forma como as línguas modernas surgiram e evoluíram na espécie humana (Halliday, 2005; Halliday, Matthiessen, 2006; Matthiessen, 2007). Nesses trabalhos, introduziu-se uma tipologia de sistemas, a partir da qual busca-se esclarecer a natureza do objeto principal da LSF: a língua humana na qualidade de um sistema semiótico de quarta ordem superior. Dentro dessa tipologia ordenada, a língua umbilicalmente se relaciona e herda características de sistemas menos complexos: físicos, biológicos e sociais. Dentro desse paradigma de pesquisa, busca-se compreender o que a língua herdou desses sistemas, o que esses diferentes sistemas compartilham entre si e como a complexidade emerge em sistemas de ordens distintas (Andersen *et al.*, 2015).

Figura 12: Ordens de sistemas

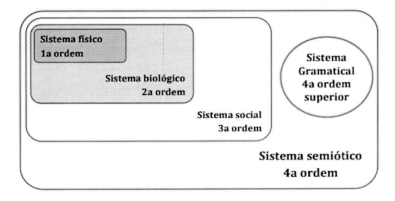

Fonte: Figueredo (2011, p. 71)

Na investigação do processo evolutivo da língua, as pesquisas se debruçam sobre três tipos distintos de complexificação do potencial de significado: desenvolvimento linguístico com relação ao tempo evolutivo (filogênese), com relação ao período de vida de um indivíduo (ontogênese) e com relação ao período de instanciação de um texto durante o seu desenrolar (logogênese). No que diz respeito à filogênese e ontogênese, embora sejam fenômenos de naturezas diferentes, argumenta-se que eles se relacionam de maneiras importantes (Williams e Lukin, 2004).

Dessa forma, a evolução filogenética da língua é estudada a partir de uma perspectiva cosmogenética, a qual compreende a língua como um sistema complexo em relação de hierarquia com outros sistemas complexos, quais sejam, sistemas físicos, biológicos, sociais e semióticos. A partir dessa perspectiva, adota-se e adapta-se o modelo de ontogênese à filogênese (Halliday e Matthiessen, 1999). Essa relação que espelha ontogenia e filogenia não ignora as diferenças temporais entre esses dois fenômenos; ao passo em que o tempo ontogenético de uma criança em processo de desenvolvimento linguístico é muito mais reduzido, uma vez que a criança desenvolve o seu potencial de significado em interação com outros indivíduos que já possuem um sistema modelo a partir do qual a criança pode se basear, em termos filogenéticos o processo de desenvolvimento necessariamente se estendeu por um período muito mais longo, tendo em vista a ausência de modelos do que viriam a ser as línguas modernas encontradas hoje (Williams e Lukin, 2004).

Apesar dessas diferenças, os trabalhos que adotam a perspectiva cosmogenética mostram como, sob pressão de expandir o seu potencial de significado, os ancestrais dos humanos modernos passaram por um processo de desenvolvimento cujo paralelo, em certa medida, pode ser encontrado no fenômeno da ontogenia. Nesse sentido, a língua teria evoluído a partir de um processo gradual de complexificação, em que em seu estágio inicial tinha a qualidade de um sistema semiótico primário e, com o tempo, evoluiu para se tornar um sistema semiótico de ordem superior, dentro de uma hierarquia de sistemas cada vez mais complexos (Halliday e Matthiessen, 1999).

Um dos principais motivos que motivou a decisão de se buscar subsídios teóricos na ontogenia para explicar a filogenia baseou-se na relação entre ontogenia e filogenia há muito observada nos estudos da embriologia a partir do estudo do fenômeno de recapitulação (Mayr, 2009). A teoria da recapitulação se refere ao aparecimento e à subsequente perda, durante a ontogenia, de estruturas que, em outras espécies, são mantidas nos adultos (Mayr, 2009). Um exemplo da recapitulação pode ser verificado na presença, em embriões de aves e mamíferos, de fendas branquiais – estruturas encontradas em embriões de espécies de peixes e posteriormente mantidas nos animais adultos. A partir da teoria da evolução e, consequentemente, da teoria da origem comum (Darwin, 2014), essas fendas branquiais embrionárias são vistas como, durante o processo de ontogenia, uma recapitulação da filogenia (Haeckel, 1866).

Cabe destacar que essa recapitulação não é completa e nem espelha completamente a filogenia, de forma que em momento algum do desenvolvimento, por exemplo, um embrião de mamífero se assemelha com um peixe adulto. Contudo, em algumas características, como a das fendas branquiais, a ontogenia de fato recapitula a filogenia. A explicação para o fenômeno de recapitulação se baseia no entendimento de estudos da embriologia experimental, que descobriram que estruturas ancestrais atuam como "organizadores" embrionários dos passos seguintes do desenvolvimento (Mayr, 2009). Sendo assim, é por esse motivo que mamíferos desenvolvem estruturas branquiais em determinados estágios de sua ontogenia: em vez de serem usadas para respiração, como é no caso dos peixes, tais estruturas são reestruturadas em estágios posteriores da ontogenia e dão origem a muitas estruturas na região do pescoço (Mayr, 2009). Isto posto, a adoção do conceito de ontogenia linguística para uma possível explicação do fenômeno da filogenia linguística se baseou nessas concepções.

Com relação próxima a esta pesquisa, uma das consequências que mais se destaca a partir da modelagem da evolução linguística como um processo gradual de complexificação do potencial de significado advém do fato de não se estabelecer uma separação radical e de descontinuidade (De Wall, 2016) entre humanos e outras espécies animais (Matthiessen, 2004). Dessa forma, a perspectiva cosmogenética se debruça sobre a evolução linguística a partir da observação de outros primatas e mamíferos, de forma a compreender que a evolução linguística humana se deu a partir de capacidades compartilhadas com esses outros animais (Matthiessen, 2004), em um processo de co-evolução entre sistemas biológicos (bipedalismo, estrutura cerebral e aparato vocal, por exemplo) (Bickerton, 1995; Deacon, 1992; Edelman, 1992; Halliday, 1995) e sociais (formas de organização de social, divisão de trabalho e hierarquia social) (Johnson e Earle, 2000).

Para além disso, o modelo de ontogenia da LSF (Halliday, 1975; Painter, 1984) auxilia na exploração da filogenia pelo fato de representar um modelo explícito e detalhado de como um potencial de significado se torna cada vez mais complexo e pode se desenvolver a partir de um sistema semiótico primário até um sistema semiótico de ordem superior. Ainda, é um modelo que apresenta propriedades essenciais para estudos evolutivos, quais sejam, a descrição funcional de cada estágio no desenvolvimento, a descrição de como padrões semióticos complexos se desenvolvem a partir de padrões já existentes e a descrição de como o potencial de significado linguísticos aumenta no curso do desenvolvimento, tanto quantitativamente como qualitativamente (Matthiessen, 2004).

Segundo o modelo consagrado de Halliday (1975), pode-se identificar três fases claras no desenvolvimento do potencial de significado de uma criança:

Quadro 3: As três fases do desenvolvimento linguístico ontogênico

AS 3 FASES DO DESENVOLVIMENTO LINGUÍSTICO ONTOGÊNICO		
FASE 1: PROTOLÍNGUA	**FASE 2: TRANSIÇÃO**	**FASE 3: LÍNGUA**
Sistema semiótico primário	De biestratal para triestratal: o surgimento da lexicogramática como um novo estrato de conteúdo e de um sistema fonológico	Completamente triestratal
Biestratal: conteúdo/expressão		Evolução da grafologia e de metáforas gramaticais na relação entre semântica e lexicogramática
Microfunções: (função = uso): reguladora, interacional, instrumental e pessoal	De um sistema eixo-estratal para um com eixo e estratificação separados.	Metafunções: ideacional, interpessoal e textual como formas simultâneas de significados
	Macrofunções: matética e pragmática	

Fonte: Adaptada de Matthiessen (2004, p. 48)

Com o Quadro 3, podemos observar as fases de desenvolvimento do potencial de significado de uma criança, com cada fase representando um aumento significativo desse potencial. A partir da Fase 2, podemos observar a introdução de estruturas sintagmáticas a partir de pressões seletivas para o aumento do potencial de significado dos recursos disponíveis. Contudo, cabe destacar que a introdução dessas estruturas, que mais tarde se desenvolveriam para se tornar a lexicogramática que as línguas modernas apresentam hoje, é, apesar da sua importância, apenas uma expansão do potencial para produção de significados, não o princípio central organizador da língua (Matthiessen, 2004). Vou me debruçar sobre esse tema com mais afinco a partir do subcapítulo 1.7.

Outro passo importante da ontogenia que nos ajuda a compreender a filogenia advém das relações entre as três Fases dispostas acima e os desenvolvimentos sociais e biológicos de uma criança. Por exemplo, enquanto a protolíngua estaria relacionada ao ato de engatinhar, a língua teria relação com o de se aprender a andar (Halliday, 1998). Da mesma forma, com relação a implicações socioculturais, cada fase representaria uma relação mais complexa entre língua e contexto, em que, na Fase 1, existiria uma relação de 1-para-1 entre esses dois e, por sua vez, na Fase 3, uma relação complexa e aberta entre língua e contexto (Lemke, 1993). É com base nesses conceitos que se busca adaptar os conhecimentos sobre ontogenia e aplicá-los sobre a filogenia. Nesse sentido, a descoberta das relações entre língua e as variações nos ambientes sociais e biológicos poderiam contribuir para a exploração da forma como os sistemas semióticos dos ancestrais dos humanos modernos foram evoluindo (Matthiessen, 2004).

1.5.2 As três fases da evolução da língua humana

Com base nesses e em dados histórico-arqueológicos (Beaken, 1996; Dunbar, 1996; Corballis, 2002), chegou-se às seguintes propriedades das três fases da evolução filogenética da língua humana.

Quadro 4: As três fases do desenvolvimento linguístico filogenético

AS 3 FASES DO DESENVOLVIMENTO LINGUÍSTICO FILOGÊNICO

FASE 1: PROTOLÍNGUA	FASE 2: TRANSIÇÃO	FASE 3: LÍNGUA
Funcionalidade: microfunções reguladora, interacional, intrumental e pessoal	**Funcionalidade:** macrofunções pragmática e matética	**Funcionaliade:** metafunções
Relação com o contexto: fixa	**Relação com o contexto:** começando a se dissociar	**Relação com o contexto:** variável
Eixo: Ø	**Eixo:** fissão entre eixo e estratificação	**Estratificação:** triestratal
Estratificação: biestratal	**Estratificação:** fissão do polo do conteúdo com a introdução da lexicogramática	**Eixo:** bi-estratal, com separação entre paradigma e sintagma
Mercadoria: apenas bens-e-serviços	**Mercadoria:** inicialmente apenas bens-e-serviços e troca de informações posteriormente	**Mercadoria:** bens-e-serviços e informação (agora predominante)

Fonte: Adaptada de Matthiessen (2004, p. 51)

A partir do delineamento dessas três Fases, elas são relacionadas aos desenvolvimentos biológicos e sociais da evolução humana, de forma análoga ao procedimento realizado no estudo da ontogenia. No que tange à evolução do gênero Homo, a divisão de fases ocorreria da seguinte maneira:

Quadro 5: Os desenvolvimentos biológicos e sociais da evolução humana

DESENVOLVIMENTOS BIOLÓGICOS E SOCIAIS DA EVOLUÇÃO HUMANA

FASE 1	FASE 2	FASE 3
Anterior ao surgimento do Homo até o surgimento do Homo abilis	Durante a Fase 2 com o Homo abilis e posterior desenvolvimento da Fase 2 até o surgimento do Homo erectus e o Homo sapiens arcaico	Início da Fase 3 até o fim do Homo sapiens arcairco e posterior desenvolvimento do Homo sapiens sapiens

Fonte: Adaptada de Matthiessen (2004, p. 52)

Segundo essa interpretação, a Fase 2 marcaria o início do gênero Homo, ao passo que a Fase 3 marcaria o início dos humanos modernos. A Fase 2 coincidiria com o período que compreende o início e o fim do período da evolução humana em que há dois crescimentos exponenciais do cérebro (Mithen, 1996), justamente o período em que parece haver uma mudança do desenvolvimento infantil após o nascimento: ao passo em que o período anterior se caracterizava por um período pré-natal prolongado, passa a existir um prolongado desenvolvimento pós-natal, com o surgimento do homo erectus. Dessa forma, os bebês nasceriam menos maduros do que antes, de maneira a necessitar um período de maturação pós-natal mais longo, resultando em um possível período de aprendizado e desenvolvimento social e semiótico. Seguindo esse ritmo, a Fase 3 surge em um período em que a evolução humana passa a ser predominantemente guiada por aspectos sociossemióticos, assumindo a primazia evolutiva sobre a ordem biológica e aumentando o potencial para uma evolução mais rápida (Matthiessen, 2004).

Ademais, o início da Fase 2 pode ter sido o início dos agrupamentos sociais no nível da família como forma de organização social (Johson e Earle, 2000). Foley (1997, p. 191) destaca que "cérebros grandes são uma resposta a uma maior complexidade social; esses mesmos cérebros, com seus altos custos de energia, alteraram reciprocamente a natureza das relações sociais"[14]. Dessa forma, o surgimento do nível da família como organização social, em conjunto com um período pós-natal mais longo, teria colocado pressão para uma maior complexificação sociossemiótica, em consonância com a evolução cerebral.

Com foco nesse período pós-natal mais prolongado, Potts (1992, p. 328) destaca:

> Os humanos nascem em um estado imaturo e passam por um período de maturação relativamente mais longo do que os macacos e outros primatas. Essa mudança no tempo de desenvolvimento durante a evolução dos hominídeos foi acompanhada por um complexo de padrões de comportamento distintamente humanos, como o aumento da dependência do aprendizado, o cuidado parental aprimorado e a defesa de bases. Em geral, presumia-se que essa mudança no tempo de desenvolvimento havia ocorrido

---

[14] Large brains are a response to greater social complexity, whilst those large brains, with their high energy costs, will reciprocally alter the nature of social relationships.

> muito no início da evolução dos hominídeos, uma visão originalmente apoiada por estudos do padrão de erupção dos dentes australopitecinos. No entanto, refinamentos recentes na análise do desenvolvimento dentário indicam que as dentições dos hominídeos anteriores ao Homo erectus têm taxas de desenvolvimento características de macacos, e não de humanos. Um longo período de maturação infantil, com todas as suas implicações para o comportamento social, pode, portanto, ter evoluído mais tarde do que se acreditava anteriormente.[15]

Assim sendo, deve-se considerar, com o início da Fase 2, o surgimento de uma dependência maior de aprendizado social e semiótico (Matthiessen, 2004). A partir de uma articulação entre nascimentos mais imaturos e consequentes períodos de maturação mais prolongados, deu-se uma complexificação do sistema a partir de mediações semióticas (Hasan, 2004) com um número cada vez maior de interações com adultos. Sendo assim, observa-se uma correlação entre crescentes pressões sociossemióticas e ecológicas para a complexificação do sistema semiótico. É durante a Fase 2 que o cérebro humano começa a crescer de forma destacada, bem como o período em que se identifica o início de períodos mais prolongados de cuidado parental e aprendizado social, dando origem a formas mais complexas de organização social e migrações a partir da África de membros do homo erectus (Beaken, 1996; Matthiessen, 2004). Com a migração de grupos, o sistema semiótico do período seria potente o bastante para trocar significado em relações intra e intergrupo, com agrupamentos que não compartilhavam o mesmo sistema e histórico.

---

[15] Humans are born in an immature state and undergo a relatively longer maturation period than do apes and other primates. This change in developmental timing during hominid evolution was accompanied by a complex of distinctively human behaviour patterns, such as increased dependence on learning, enhanced parental care and the defence of the home base. Such a shift in developmental timing has usually been assumed to occur very early in hominid evolution, a view originally supported by studies of the eruption pattern of australopithecine teeth. However, recent refinements in analysing tooth development indicate that the dentitions of hominids earlier than Homo erectus have developmental rates characteristic of apes rather than humans. An extended period of infant maturation with all its implications for social behaviour may hence have evolved later than was previously believed.

Quadro 6: As três fases linguísticas em relação aos desenvolvimentos biológicos e sociais

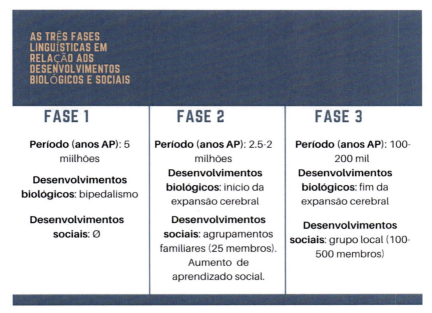

Fonte: Adaptada de Matthiessen (2004, p. 54)

Isto posto, cabe destacar que os pontos citados, característicos das Fases 2 e 3, também são encontrados em parte da evolução e organização sociossemiótica das orcas, como apresentei nos subcapítulos 1.1 e 1.2 e apresentarei nos resultados, de tal forma a questionar a exclusividade humana que essas leituras evolutivas parecem indicar. Essas questões serão discutidas mais detalhadamente logo, logo.

1.6 O conceito de protolíngua

Há muito se questiona sobre a capacidade de outros animais exibirem algo análogo à língua humana, em discussões sobre disparidades cognitivas a debates filosóficos. Por exemplo, há a hipótese de que os outros animais são movidos por puro instinto, pré-programados pela natureza e pelos seus genes. Parte da centralidade dessa visão se dá pelo fato de que as investigações sobre sistemas semióticos de outras espécies ainda hoje são debatidas sobretudo nos campos da biologia e etologia, cujas preocupações científicas estão focadas na definição de certas espécies, baseadas em padrões pré-determinados (Mizler, 2018).

No campo da filosofia, os primeiros questionamentos acerca das capacidades linguísticas fora da espécie humana remontam à Grécia Antiga e, por boa parte dos séculos doravante, nomes da filosofia ocidental adotaram posições semelhantes às dos pensadores gregos. Aristóteles acreditava que o domínio da língua era necessário para um indivíduo ser capaz de distinguir entre uma ação moralmente boa ou não, determinando assim quem poderia ou não pertencer à comunidade política (Aristóteles, 2019). Já Descartes afirmava que, uma vez que outros animais além dos humanos não falam, logo não pensam (Descartes, 1991). Por sua vez, Kant e Heidegger seguiam posições semelhantes: para o primeiro, outros animais não possuem *logos* e, portanto, não fazem parte da comunidade moral (Kant, 2009); para o último, aqueles que não possuem língua não morrem, simplesmente desaparecem e apenas os animais humanos seriam dotados de tal capacidade (Heidegger, 2001).

Por outro lado, na linguística, pouco ainda se discute sobre o assunto, muito embora o número de pesquisas seja pequeno e, por conseguinte, as conclusões sejam insuficientes (Haentjens, 2018). Para Saussure, a linguística, quando ele fala da matéria e tarefa dela, se debruça sobre todas as manifestações da "língua humana" (Saussure, 1971).

Por sua vez, Sapir afirma que a língua é um método de comunicação de ideias "puramente humano", e que todas as manifestações da língua são "criações da mente humana"; o linguista alemão inclusive brevemente se detém sobre as habilidades comunicativas de outros animais, sobre as quais ele declara serem involuntárias, instintivas e, por isso, longe de poderem ser consideradas línguas (Sapir, 2008): seria uma característica de todos os grupos seres humanos e somente deles. Já Whorf, em seu capítulo sobre Linguística como uma ciência exata, diz que a fala, ou língua, é "a ação mais humana de todas" (Whorf, 2012).

Mais especificamente, na perspectiva sistêmico-funcional, pesquisas sobre desenvolvimento linguístico em crianças levantaram a concepção de um sistema biestratal durante o período da primeira infância, uma protolíngua (Halliday, 1975; Painter, 1984; Martin, 1992, 2013), com apenas os estratos do conteúdo e expressão. De acordo com os mesmos trabalhos, o sistema semiótico de espécies fora a nossa seria da mesma natureza, porém o assunto não foi elaborado de forma aprofundada.

Em uma breve releitura da literatura sistêmica, podemos perceber que a teoria esteve sempre e somente preocupada com a produção de significados humanos. Halliday, em mais de uma ocasião, disse que a LSF se debruça sobre "língua verbal, natural, humana e adulta" (2004, p. 20) e que "língua realmente [...] constrói experiência humana" (2004, p. 29).

Nessa leitura, protolíngua seria um sistema multifunctional, mas não plurifuncional, no sentido de que os seus recursos teriam evoluído para produzir significados distintos para serem usados em situações específicas e fixas, de forma a se constituir como um sistema monofuncional com um potencial de significado girando em torno de microfunções não-simultâneas. Em outras palavras, ao passo que a língua humana adulta apresenta, em todo texto produzido, três significados simultâneos, protolínguas seriam capazes de semioticamente fornecer como recursos apenas modos alternativos de significados, de forma que os usuários de sistemas dessa natureza poderiam significar apenas uma microfunção por vez. Segundo essa perspectiva, a capacidade de significar mais de um tipo de significado ao mesmo tempo surgiria apenas a partir da Fase 3, após o período de Transição (Matthiessen, 2004).

Figura 13: Sistema protolinguístico de uma criança em estágio inicial

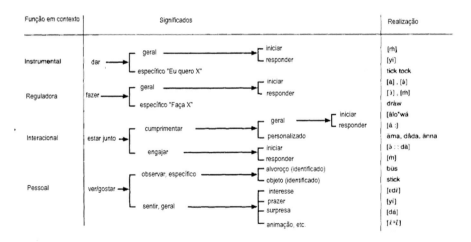

Fonte: Traduzida e adaptada de Matthiessen (2004, p. 60)

Por sua vez, a partir da Fase 2, um novo tipo de sistema semiótico teria surgido. Embora a organização funcional do potencial de significado permanecesse a mesma, as microfunções foram generalizadas em duas macrofunções: matética e pragmática (Halliday, 1975). Assim sendo, apesar da evolução das macrofunções propiciar uma relação mais flexível entre contexto e língua, de forma a aumentar o potencial de significado, o sistema continuou a ser monofuncional, no sentido de que as macrofunções seriam alternativas umas às outras, não simultâneas (Matthiessen, 2004).

No que tange à expansão do potencial de significado a partir da Fase 2, destaca-se a possibilidade de se negociar informação além de bens-e-serviços. Durante a Fase 1, bens-e-serviços constituíam a única mercadoria negociável, mas a partir da Fase seguinte um novo tipo de mercadoria passa a ser trocado: informação. Esse passo evolutivo aumentou o poder do sistema de forma considerável, uma vez que informação não é um conceito trocado apenas através da língua, mas é constituído por língua. Em outras palavras, passa a ser possível a troca de mercadorias não apenas materiais ou sociais, mas também semióticas. Durante o processo de desenvolvimento em crianças, a troca de informação leva consideravelmente mais tempo do que a troca de bens-e-serviços (Halliday, 1984), de forma que é apenas através de experiência compartilhada que o potencial se expande para ser capaz de negociar os dois tipos de mercadoria (Matthiessen, 2004).

Por fim, outro aspecto importante, relacionado à organização social, é o tamanho dos grupos sociais. Pesquisas sobre o tamanho de grupos sociais (Dunbar, 1996) sugerem que, com o crescimento dos agrupamentos, houve uma pressão seletiva para que o sistema se complexificasse. Essas investigações se baseiam nas correlações entre o tamanho cerebral e o tamanho do grupo, uma vez que a necessidade de interação social em um grupo social grande seria beneficiada sobremaneira com a evolução da língua. Dunbar destaca (1996, p. 112-113):

> Nesse ponto, um novo gênero aparece no registro fóssil, o gênero Homo, ao qual nós, humanos modernos, pertencemos. Agora, pela primeira vez, o tamanho do grupo começa a ultrapassar os limites vistos nos primatas modernos. A partir daí, o tamanho do grupo aumenta exponencialmente, chegando aos 150 que encontramos no homem moderno [...] há aproximadamente 100 mil anos.
> A questão principal é: quando o tamanho do grupo ultrapassou o limite crítico em que a língua se tornaria necessária? [...] Os primeiros membros de nossa espécie aparecem cerca de 500 mil anos atrás, e as equações predizem grupos de 115 a 120 para eles, com tempos de catação de cerca de

> 30 a 33%. A conclusão parece inevitável: o surgimento de nossa própria espécie, Homo sapiens, foi marcado pelo surgimento da língua.[16]

Diante dessas questões, pode-se questionar em que estágio análogo o sistema das orcas se encontraria atualmente. Uma vez que as orcas residentes evoluíram a partir de pressões evolutivas semelhantes às que propiciaram a complexificação da protolíngua durante as Fases 2 e 3, uma investigação sobre as capacidades semióticas dessa espécie poderia fornecer dados para contribuir com o conceito de protolíngua, atualmente considerado a regra em todas as outras espécies de animais mamíferos de sangue quente fora os humanos (Halliday, 2004) Esses pontos serão melhor explicados adiante.

À vista disso, no âmbito deste livro, a investigação sobre o potencial semiótico das orcas residentes tem como foco sobretudo a possibilidade da existência de sistemas semióticos linguístico-culturais (Martin, 1992), de forma a contribuir com o conceito de protolíngua. Assim como na língua humana adulta, em que, acima do plano do conteúdo, há um sistema semiótico cultural que condiciona a organização e realização do sistema denotativo linguístico, em uma relação natural entre contexto e língua (Martin, 1992), neste trabalho investigo se o sistema semiótico das orcas residentes apresenta na sua estratificação (Matthiessen, 2007) também o plano do contexto (gênero e registro, discutidos acima), estabelecendo uma arquitetura mais complexa do que a implicada pelo conceito até então de protolíngua, cuja organização se limita aos estratos do conteúdo e expressão.

1.7 O conceito de língua: sintaxe vs. semiose

Ao longo da história, de forma geral, têm existido dois critérios conflitantes na determinação do que essencialmente constitui uma língua: a presença de sintaxe ou de semiose. Ao passo que alguns partem do pressuposto de que não há língua sem sintaxe, apenas uma protolíngua

---

[16] At this point, a new genus appears in the fossil record, the genus Homo to which we modern humans belong. Now, for the first time, group size begins to edge above the upper limits seen in modern primates. From this point on, group size rises exponentially, reaching the 150 that we found in modern humans [...] some time around100,000 years ago. The burning issue is: when did group size pass through the critical threshold where language would have become necessary? [...] The earliest members of our species appear around 500,000 years ago, and the equations would predict group sizes of 115 to 120 for them, with grooming times of around 30 to 33 per cent. The conclusion seems inescapable: the appearance of our own species, Homo sapiens, was marked by the appearance of language.

desprovida de estruturas (Calvin e Bickerton, 2000), a outra parte do espectro destaca que uma habilidade chave para a existência de uma língua é a habilidade de simbolizar (Deacon, 1997). Dependendo do prisma a partir do qual a pesquisa observa o seu fenômeno, conclusões diametralmente opostas podem ser alcançadas (Benson e Greaves, 2005).

Cabe destacar que língua sob uma perspectiva simbólica não se limita às palavras de um determinado sistema, como já foi assumido anteriormente (Calvin e Bickerton, 2000). Nesse sentido, para além da lexicogramática, o fator determinante advém da possibilidade de se fazer escolhas sistêmicas e sistemáticas, de forma a dar origem ao significado simbólico – sendo essas escolhas realizadas no estrato lexicogramatical ou não. Muito embora o estrato supracitado seja uma das formas pela qual escolhas sistêmicas se manifestam em estruturas reconhecíveis, não obstante é apenas um dos recursos disponíveis para a criação simbólica de significado a partir de escolhas sistêmicas (Benson e Greaves, 2005).

Além do estrato lexicogramatical, podemos também observar estruturas nos estratos da expressão, bem como configurações estruturais na semântica-discursiva, uma vez que o próprio discurso é estruturado (Eggins e Slade, 1997) e a cultura se organiza como um sistema de gêneros, que por sua vez são realizados por configurações de registro (Martin e Rose, 2008), de forma que a língua, na sua qualidade de sistema estratificado, possui diferentes níveis em que a criação e expressão de significado simbólico são possíveis (Benson e Greaves, 2005).

Como vimos no subcapítulo 1.5, as fases da evolução filogenética da língua foram resultado da necessidade de se produzir significado, de forma que a língua evoluiu e expandiu o seu potencial como forma de adaptação a novas pressões que surgiram ao longo da história. Características específicas da língua, como o seu estrato lexicogramatical, portanto, evoluíram dentro de uma lógica evolutiva da língua como um potencial de significado cada vez mais complexo. Dessa forma, a lexicogramática não seria o fator decisivo para determinar a produção de significado, mas apenas mais um recurso que evoluiu ao longo do período filogenético do sistema para organizar e realizar significado (Matthiessen, 2004).

A partir dessa concepção, entende-se que a evolução da lexicogramática foi apenas uma estratégia geral ao longo do caminho evolutivo que levou à complexidade semiótica que encontramos hoje na língua humana (Matthiessen, 2004). Da mesma forma, desde a década de 1970, defende-se, na LSF, que a lexicogramática, por mais importante que tenha sido e ainda é para a compreensão do sistema, não doravante é apenas uma parte do sistema linguístico (Halliday, 1975, p. 3). Essa concepção distingue a LSF de outras perspectivas, em que a emergência da sintaxe é o que define a fronteira. Butt (2004, p. 219) destaca:

> Podemos nos perguntar: quão diferentes os debates evolucionários seriam se o input linguístico estivesse preocupado sobretudo com o significado e com as formas cada vez mais complexas de nossa construção de significado? Quais teriam sido os fenômenos com os quais tal linguística estaria mais preocupada? E seriam esses fenômenos, os "objetos" de estudo, estudados nos contextos sociais que os próprios significados estão continuamente construindo? Ou o estudo levaria à "objetificação" e à descontextualização, acusações que muitas vezes são dirigidas aos métodos linguísticos?[17]

1.7.1 Língua como recurso criador de significado simbólico

Dessa forma, além das ferramentas teórico-metodológicas advindas da LSF, para a discussão sobre o conceito de língua, também lanço mão de algumas ideias específicas de Lemke (1995) e Deacon (1997), finalizando com concepções de Eggins, Slade (1997) e Halliday (1978), de forma a estabelecer uma conexão entre Deacon e Lemke com a LSF. Inicio por Deacon, representante dos estudiosos das neurociências que passaram a abordar os problemas de se estudar a língua, sobretudo a lexicogramática (sob o nome de sintaxe), não mais a partir de uma abordagem descontextualizada, separada da sua relação simbiótica com a semântica-discursiva e contexto. Dessa forma, Deacon parte de uma perspectiva de língua em termos de um processo simbólico altamente contextualizado (Deacon, 1997).

Em uma interpretação da semiótica peirceana (Peirce, 2010), Deacon discorre sobre uma hierarquia referencial de ícones, índices e símbolos, na qual índices são correlações de ícones reconhecíveis, ao

---

[17] We can ask ourselves how different might the evolutionary debates appear had the linguistic input been centrally concerned with meaning and with the increasingly complex forms of our meaning making? What, we might ask, would have been the phenomena with which such a linguistics would be most concerned? And would such phenomena, the 'objects' of study, be studied in the social contexts which meanings are themselves continuously constructing? Or would study lead to 'objectification' and decontextualization, charges that are often levelled at linguistic methods?

passo que símbolos são relações entre índices. Junto da LSF, a partir da sua perspectiva de um sistema linguístico altamente semantizado e de sua orientação contextual (Halliday, Matthiessen, 2014), abordo o conceito de interpretação simbólica, que subjaz o fenômeno linguístico (Deacon, 1997), de forma a reinterpretar o possível sistema semiótico em contexto disponível na literatura sobre orcas residentes.

Para Deacon, ícones, índices e símbolos são o resultado de três processos interpretativos distintos gerados pelas redes neurais de um animal. Primeiramente, os ícones são reconhecimentos, os quais ocorrem quando um dado processo interpretativo cessa qualquer distinção. Seguindo o exemplo dado pelo próprio autor (Deacon, 1997, p. 75-6), um pássaro em busca de alimento não consegue diferenciar entre a casca de uma árvore e uma mariposa camuflada sobre a própria casca. Sendo assim, o pássaro conseguiria distinguir entre objetos comestíveis e não-comestíveis, mas não conseguiria interpretar uma diferença entre a casca da árvore e a mariposa camuflada.

Por sua vez, um índice envolve um outro processo interpretativo, o qual se constitui pela correlação de ícones, como no caso da fumaça como um índice de fogo (Deacon, 1997). Por fim, símbolos envolvem a descoberta de relações entre índices, em correlações Token-Token, ao passo que na relação entre índices nós temos Token-Objeto. Um exemplo seria a aliança como símbolo de uma relação matrimonial (Deacon, 1997).

Dessa forma, a interpretação icônica é a base da interpretação de índices, sendo as duas a base da interpretação simbólica, de tal forma que a interpretação simbólica, diferente da interpretação de índices, requer a capacidade de reconhecer relações combinatórias entre índices. Sendo assim, a língua não seria um modo de comunicação, mas a expressão de uma representação simbólica do mundo (Deacon, 1997).

Tendo isso estabelecido, a partir da atual concepção de protolíngua, a qual considera que todas as espécies animais fora a humana não possuem o polo do contexto nos seus sistemas semióticos, de forma a não possuir os estratos do gênero e do registro – cujas configurações e combinações geram significado simbólico –, os sistemas de outros animais seriam compostos por índices, podendo ser representados da seguinte forma, seguindo os termos de Deacon (1997).

Figura 14: Signos indexicais como a correlação de ícones

Fonte: Elaborada pelo autor

Segundo Deacon, os signos indexicais são completamente distintos daqueles de natureza simbólica, que são o resultado de relações combinatórias entre índices. Nessa lógica, um sistema linguístico para ser considerado como tal teria de ter recursos que surgem a partir de uma relação combinatória na qual elementos distinguíveis são capazes de recorrer em combinações diferentes, em que, embora o sistema apresente um alto grau de variedade nas combinações possíveis de elementos, a maioria das possibilidades combinatórias seria sistematicamente excluída. Dessa maneira, teríamos língua onde seria possível observar as correlações entre signos e eventos contextuais, de forma que as correlações entre os elementos do sistema, objetos e eventos que formam o contexto de sua produção diferissem radicalmente (Deacon, 1997).

Sendo assim, a lexicogramática, a produção articulada de sons e um grande vocabulário não necessariamente constituiriam língua. O fator determinante seria o que Deacon chama de "referência simbólica" (Deacon, 1997, p. 41). No âmbito da reflexão que desenvolvo aqui, esse tipo de criação de significado simbólico seria possível, por exemplo, na articulação de contexto e língua nas suas relações, respectivamente, de sistemas conotativos e denotativos, como vimos anteriormente (Martin, 1992). Essa relação entre os sistemas conotativos e denotativos destaca a natureza de um signo simbólico, para Deacon: a arbitrariedade e convencionalidade entre significado e significante (Deacon, 1997). Símbolos seriam então uma convenção social, um acordo ou código explícito que estabelece a relação que conecta uma coisa na outra (Deacon, 1997), o que pode ser observado, por exemplo, no dialeto das orcas residentes (Deecke, Ford e SPong, 2000; Filatova, Burdin e Hoyt, 2011, 2013). Língua, como tal, seria então um sistema de recursos dessa natureza.

Figura 15: Relações hierárquicas entre ícone, índice e símbolo

Fonte: Elaborada pelo autor, adaptada de Deacon (1997, p. 75)

Nesse sentido, para Deacon, a base simbólica do significado estaria umbilicalmente relacionada a relações de oposição entre itens do mesmo sistema, de forma coerente com a concepção de produção de significado da LSF. Deacon (1997, p. 64) discorre sobre essa concepção em alguns pontos de seu livro, com foco sobretudo nos significados criados por palavras:

> A base simbólica do significado da palavra é mediada, adicionalmente, pela evocação de outras palavras (em vários níveis de consciência). Mesmo que não experimentemos conscientemente a evocação de outras palavras, a evidência de que elas são ativadas vem dos efeitos [...] que aparecem nos testes de associação de palavras[18]

---

[18] The symbolic basis of word meaning is mediated, additionally, by the elicitation of other words (at various levels of awareness). Even if we do not consciously experience the elicitation of other words, evidence that they are activated comes (...) effects that show up in word association tests.

Isto posto, cabe reforçar a forma como a produção de significado é entendida pela LSF, tão em consonância com as citações destacadas acima. Para a LSF, a relação entre dois signos em um sistema semiótico é o que produz significado, e essa relação é denominada "valeur" (Saussure, 1971). Seguindo essa perspectiva, modela-se a língua como uma grande rede de sistemas (Martin, 2013), cuja produção de significado de uma opção, representada pelo conceito de valor, envolve dois fatores: agnação (Gleason, 1965) e delicadeza (Halliday *et al.*, 1964).

A agnação é o fator que opera o contraste entre as opções; por sua vez, a delicadeza opera o detalhamento de uma opção para um determinado sistema (Figueredo, Figueredo, 2019). É justamente essa noção de agnação que Deacon (1997) destaca e, a partir das ferramentas teórico-metodológicas, conjuntamente às noções complementares de delicadeza e valor, entende-se que língua é qualquer sistema semiótico capaz de criar significados simbólicos, possuindo em sua estratificação lexicogramática ou não, uma vez que é possível identificar escolhas sistêmicas em outros pontos da arquitetura do sistema (Matthiessen, 2007).

Cabe destacar que a capacidade de simbolizar precedeu a lexicogramática (Deacon, 1997): a complexidade da língua humana na sua forma atual é um desenvolvimento secundário com respeito a uma adaptação cognitiva mais primária (a capacidade de simbolizar), de forma que a maioria das teorias teria invertido as relações evolutivas de causa e efeito que impulsionaram a evolução cognitiva humana para desenvolver lexicogramática e outros aspectos que parecem distinguir a língua humana de outros sistemas semióticos na natureza. Sendo assim, uma maior cognição, habilidades articulatórias complexas ou predisposições gramaticais prescientes das crianças não foram as chaves para a evolução de um sistema semiótico simbólico; nesse sentido, a evolução desses suportes para a complexificação da língua deve ter sido consequência, ao invés de causas ou pré-requisitos, para o surgimento da língua na nossa espécie (Deacon, 1997).

Nessa perspectiva, a língua seria o motor principal para a evolução dessas características específicas. A língua seria a responsável por um complexo co-evolutivo de adaptações dispostas em torno de uma inovação semiótica. Isso, por sua vez, teria aberto a possibilidade para a evolução de uma complexidade semiótica cada vez maior. As línguas humanas atuais, com suas lexicogramáticas complexas (Caffarel, Martin e Matthiessen, 2004), bem como suas demandas sensório-motoras também complexas (Deacon, 1997; Lemke, 1993), evoluíram gradativamente a partir de origens mais simples. Embora línguas simples não existam em nenhuma sociedade encontrada hoje, é bem possível que existiram em algum ponto da evolução filogenética do sistema (Halliday, 2004).

Por sua vez, Lemke (1997) reforça que a criação de significado se dá pela relação sistemática entre opções em sistemas e o seu contraste. Além disso, o autor destaca como a produção de significado acontece para além do estrato lexicogramatical, discorrendo sobre a forma como a qual a relação sistemática entre o contexto e o sistema semiótico que o realiza é capaz de produzir significado simbólico. Para essa produção, é necessário que haja uma variação funcional na língua a partir de pressões culturais, a partir de configurações de padrões específicos, previsíveis e passíveis de descrição – articulação cultura-língua sem a qual não há produção de significado. Sem essa articulação ou, em outras palavras, a relação de realização e metaestabilidade entre sistemas de gêneros, registros e linguísticos, de forma a haver uma predição, ativação e simbolização entre as partes (Lemke, 1984; Martin e Eggins, 1997), não há cultura e, consequentemente, língua. Igualmente, não há produção de significado simbólico.

O autor afirma (Lemke, 1997, p. 103):

> Cada instância material de uma forma (por exemplo, pronunciar uma palavra) exibe tanto suas características criteriosas (aquelas necessárias para torná-la essa palavra e não alguma outra) e também características incidentais, que não importam no que diz respeito à sua identidade semiótica. Se algumas dessas características incidentais começarem a co-ocorrer no uso real com diferentes características do contexto, e não apenas em casos isolados, mas regularmente (devido a conexões materiais entre eles ou a outras construídas semioticamente) e de forma recapitulável, então o que foi um forma semiótica única, anteriormente simétrica entre esses contextos, é agora dividida em formas variantes distinguíveis, que podem adquirir significados diferentes à medida que passam a ser usadas de forma diferente em todos os contextos. Os recursos antes incidentais agora são critérios para essas variantes. Quebras de simetria e acoplamentos materiais podem levar a problemas semióticos e vice-versa. Diferen-

ciações em contextos materiais podem levar a diferencia-
ções de formas semióticas e vice-versa. Quando os recursos
co-ocorrem uniformemente (redundância perfeita) em
todos os contextos mais amplos, eles não são separáveis
semioticamente como recursos distintos, mas quando
eles começam a não mais fazê-lo em alguns contextos,
um processo semogênico pode começar no qual eles even-
tualmente se tornam distinguíveis em todos contextos
em que ocorrem. À medida que seu grau de redundância
(probabilidade de co-ocorrência) com algum conjunto de
contextos de uso cai do máximo para zero, eles se tornam
recursos independentes do sistema de significado (Nesbitt e Plum, 1988; Halliday, 1991, 1992), aumentando sua
capacidade de transporte de informações.[19]

Para finalizar este subcapítulo, estabeleço uma ponte entre as concepções de Deacon e Lemke com a LSF, a partir de uma citação de Eggins e
Slade (1997, p. 57-58), em que também citam Halliday e esclarecem a visão
sociossemiótica da teoria sobre o conceito de língua, complementando
o que foi dito até então e nos permitindo problematizar se um sistema
dessa natureza seria apenas humano:

[O foco da linguística-sistêmico-funcional] na estrutura
e função da língua (por exemplo, na análise de gênero) é
complementado por uma interpretação da língua como
um recurso sociossemiótico: um sistema para produzir
significados através do qual os usuários da língua refletem
e se constituem como agentes sociais. Esta abordagem
semiótica é expressa por Halliday em seu reconhecimento
da relação entre os mundos micro e macrossociais: "Por
seus atos cotidianos de significado, as pessoas representam

---

[19] Every material instance of a form (e.g. pronouncing a word) exhibits both its criterial features (those needed
to make it that word and not some other) and also incidental features, which do not matter as regards its
semiotic identity. If some of these incidental features begin to co-occur in actual usage with different features
of the context, and not just in isolated instances but regularly (owing either to material connections between
them or to semiotically constructed ones) and recapitulably, then what was a single semiotic form, previously
symmetrical as between these contexts, is now split into distinguishable variant forms, which can acquire
different meanings as they come to be used differently across all contexts. The formerly incidental features
are now criterial for these variants. Material symmetry-breakings and couplings can lead to semiotic ones,
and vice versa. Differentiations in material contexts can lead to differentiations of semiotic forms, and vice
versa. When features uniformly co-occur (perfect redundancy) across all wider contexts, they are not semiotically separable as distinct features, but when they begin no longer to do so in some contexts, a semogenic
process may begin in which they eventually become distinguishable in all contexts in which they occur. As
their degree of redundancy (probability of co-occurrence) with some set of contexts of use falls from maximal
toward zero, they become independent resources of the meaning system (see examples in Nesbitt and Plum
1988; Halliday 1991, 1992), increasing its information carrying capacity.

a estrutura social, afirmando seus próprios status e papéis, e estabelecendo e transmitindo os sistemas compartilhados de valor e de conhecimento" (1978, p. 2).[20]

A partir dessas concepções, o sistema das orcas pode ser semioticamente mais complexo do que a figura 15 acima, baseada no conceito de protolíngua (Halliday, 2004), sugere. Da mesma forma, pode-se contribuir com o aprofundamento do conceito de protolíngua.

Dessa forma, este livro investiga, bem como no caso dos humanos e da língua humana, se as orcas residentes, como criadoras de significado, possuem um sistema semiótico conotativo (cultura) que é realizado por outro sistema semiótico, por sua vez denotativo (língua) (Martin, 1992).

1.8 Os conceitos de criptossemiose e tradução interespecífica

Contudo, uma vez que o contexto de cultura condiciona a natureza do sistema semiótico e o sistema realiza a cultura (Halliday, 1994), tendo em vista que aqui investigo uma possível cultura e o sistema semiótico que a realiza sobre os quais temos limitações para interpretar por diferenças entre espécies e, portanto, entre sistemas semióticos de naturezas diversas, me inspiro no conceito de criptótipos (Whorf, 2012), de forma que entendo que estudar a produção de significados de uma diferente espécie significa se debruçar sobre uma possível *criptossemiose*. Uma classe linguística criptotípica realiza um significado "submerso", mas, a partir de uma análise linguística baseadas em preceitos sociossemióticos, apresenta-se como funcionalmente importante no sistema (Whorf, 2012). Em outras palavras, uma classe criptotípica apresenta uma natureza "coberta", que não pode ser interpretada à primeira vista. Ela facilmente passa despercebida e pode ser difícil de ser definida, mas tem influência no comportamento linguístico (Whorf, 2012).

Sendo assim, busco contribuir com as discussões acerca do conceito de protolíngua como forma de explicar como outros animais produzem significados, uma vez que, ao interpretar um sistema semiótico que dispõe de uma organização e recursos tão diversos dos observados nas línguas

---

[20] Its focus on structure and function in language (e.g. in the analysis of genre) is complemented by an interpretation of language as a social semiotic resource: a system for making meanings through which language users both reflect and constitute themselves as social agents. This semiotic approach is expressed by Halliday in his recognition of the relationship between the micro- and the macro-social worlds: "By their everyday acts of meaning, people act out the social structure, affirming their own statuses and roles, and establishing and transmitting the shared systems of value and of knowledge (1978:2)

humanas – o que é de se esperar, uma vez que o sistema semiótico humano evoluiu a sua organização funcional em resposta às necessidades da nossa espécie (Painter, 1984) e as orcas sofreram pressões seletivas diferentes (Whitehead e Rendell, 2001) –, considero ser necessária uma abordagem que parta de pressupostos que não se atenham a forma como os recursos são distribuídos nos sistemas semióticos humanos.

De tal forma, não assumo uma isomorfia entre os sistemas dos humanos e das orcas, uma vez que é de se esperar que o mesmo valeur não seja encontrado em sistemas semióticos distintos (Andersen *et al.*, 2015). Neste trabalho, busco investigar, a partir dos dados coletados, se as orcas não se enquadram na atual concepção de protolíngua e, em caso positivo, se o processo de produção de significado acontece a partir de uma realização entre sistemas linguístico-culturais (conotativo-denotativos, como apresentei acima) (Halliday e Matthiessen, 1999), constituindo uma *criptossemiose*.

Caso essa possibilidade se confirme, proponho a introdução do conceito de *tradução interespecífica*. Uma vez que os tipos de tradução desenvolvidos por Jakobson (1959), quais sejam, tradução intralingual, interlingual e intersemiótica não se encaixam para os propósitos aqui apresentados, tendo em vista que podemos não estar lidando com um processo de tradução dentro de uma mesma língua (intralingual), nem entre línguas humanas diferentes (interlingual) e, possivelmente, nem com tradução entre um sistema semiótico denotativo e um sistema semiótico não-denotativo (intersemiótica), mas entre dois sistemas semióticos denotativos que evoluíram em espécies diferentes, faz-se necessário o desenvolvimento de um novo tipo de tradução, denominado *tradução interespecífica*: no âmbito desta pesquisa, entre um sistema semiótico denotativo humano e um sistema semiótico denotativo de uma espécie diferente, uma *criptossemiose*.

1.9 Uma pequena nota sobre o que é evolução

Quando pensamos em evolução, é comum que a concepção tradicional, da Teoria Sintética da Evolução (doravante TSE) (Gilbert, Bosch e Ledón-Rettig, 2015), que aprendemos na escola e domina o imaginário popular, venha à nossa mente. Contudo, a biologia evolutiva contemporânea tem passado por reformulações profundas, ao ponto que uma Síntese Estendida da Evolução (doravante SEE) (Pigliucci e Muller, 2010) tem tomado forma, oferecendo uma visão do fenômeno evolutivo consonante com o disposto até agora. Ao passo que a TSE explica a diversidade orgânica com base nos conceitos de mutação, deriva genética, migração e seleção natural, enfatizando a perspectiva gene-centrista e adaptacionista do processo evolutivo, o acúmulo teórico proposto pela SEE aponta que os genes e as alterações da frequência gênica nas populações como resultado de processos seletivos não são a única explicação para a diversidade orgânica e, muito menos, para a diversidade semiótica/cultural de espécies culturais, evidenciando a necessidade de se recorrer a outras estratégias de pesquisa, a partir de uma abordagem integrada, pluralista e interacionista (Laland *et al.*, 2015).

Dessa maneira, a SEE representa o quadro evolutivo contemporâneo que abrange uma pluralidade de processos para explicar a diversidade das trajetórias evolutivas: plasticidade fenotípica, construção do nicho, adaptatividade distribuída, viés do desenvolvimento e herança inclusiva (extragenética, adaptabilidade ao longo de diferentes sistemas de herança) (Stock, Will e Wells, 2023), de forma a repensar as explicações causais da evolução, a partir das quais a seleção natural permanece como elemento central em muitos momentos, mas atua em sincronismo com esses outros fatores, edificando uma perspectiva teórica-metodológica que analisa os seus fenômenos não mais a partir de uma causalidade evolutiva unidirecional, mas a partir de uma lógica causal recíproca (Ceschim, Oliveira e Caldeira, 2016).

A partir dessa diversidade de processos evolutivos, passa-se a entender animais culturais, como humanos, não mais apenas como organismos geneticamente distintos de outros, mas como espécies caracterizadas por plasticidade fenotípica (por exemplo, de comportamentos) aumentada, variação da história de vida, aprendizado social, flexibilidade comportamental e construção de nicho, resultando em variação ambiental e colonização de ambientes novos (Wells e Stock, 2007). Por exemplo, na última década conseguimos ter uma compreensão mais refinada dos mecanismos intergeracionais e de desenvolvimento que levam à diversidade fenotípica dentro da nossa espécie (Stock, Will e Wells, 2023). Mais especificamente, conseguiu-se entender e modelar como mecanismos de adaptação cultural/semiótica permitem uma adaptação mais rápida a ambientes variados (Stock, Will e Wells, 2023).

Esses mecanismos de adaptação extragenética são fruto da nossa específica trajetória evolutiva, ao longo da qual houve uma reorganização da dinâmica adaptativa, causando uma adaptabilidade distribuída: primeiro dependente de mecanismos de plasticidade fenotípica e, mais tarde, uma adaptação cultural às pressões ambientais, resultado de construção de nicho cultural/semiótica. Como consequência, podemos observar efeitos no desenvolvimento do nosso cérebro, uma história de vida estendida e aprendizado social. É nesse contexto teórico que passa a adquirir mais importância a ontogenia em relação à evolução, ou seja, aspectos de plasticidade do desenvolvimento.

Temos, assim, uma literatura em desenvolvimento que se debruça sobre o papel da evolução semiótica e da plasticidade na determinação da variação cultural, entendendo que mecanismos culturais e de plasticidade servem para acomodar variabilidade ambiental de maneiras mais rápidas do que a adaptação genética, distribuindo a seleção ao longo de diferentes sistemas adaptativos.

Enfatiza-se, assim, a necessidade de se desenvolver teoricamente e investigar empiricamente a existência de outros sistemas de herança para além do genético (Jablonka e Lamb, 2014). Ao passo que a TSE entende que em cada geração organismos variantes sobrevivem e se reproduzem por via genética de forma diferenciada relativamente ao processo de seleção natural por sucesso reprodutivo dos mais "adaptados" ao ambiente externo e autônomo, essa abordagem desconsidera como certos comportamentos dependem também de herança cultural (Kendal, Tehrani e Odling-Smee, 2011) e alteram os ambientes com os quais se relacionam. Contrariamente, a SEE entende como processos de desenvolvimento geram variantes a partir de uma interação complexa – e ainda não plenamente compreendida – entre fatores genéticos, epigenéticos e ambientais. Sendo assim, a SEE enfatiza como organismos moldam e são moldados pelos ambientes de seleção e de desenvolvimento, em um processo de causa recíproca, de forma que o desenvolvimento de organismos não é programado de forma determinista, mas aberto de maneira construtivista (Levins e Lewontin, 1985).

A partir dessas compreensões, pesquisas nas últimas duas décadas vêm buscando uma integração maior entre teorias da biologia evolutiva e das ciências humanas e sociais (Kendal, Tehrani e Odling-Smee, 2011), em estudos dedicados à compreensão de ambientes de desenvolvimento e aprendizado culturalmente construídos, a fim de se compreender o desenvolvimento, propagação e retenção de certos comportamentos semióticos. Uma vez que as ciências humanas e sociais se debruçam sobre questões sobre o comportamento humano cultural em vez de algum tipo de determinismo genético, pouco diálogo se estabeleceu ao longo do desenvolvimento da TSE, cujo arcabouço compreende a evolução apenas por seleção natural sobre variação genética. Ademais, a perspectiva adaptacionista da TSE afastou a possibilidade de um diálogo mais profícuo com as ciências humanas e sociais por considerar a relação dinâmica e dialética entre organismo e ambiente como uma relação estanque e autônoma envolvendo duas dimensões que se tocam apenas de forma tangente: os processos genéticos internos que, aleatoriamente, "propõem" soluções aos problemas "impostos" pelo ambiente exterior (Laland, Odling-Smee e Feldman, 2000).

De forma diferente, a SEE, sobretudo a partir da Teoria da Construção de Nicho, destaca o papel proativo do desenvolvimento e, no caso de animais semióticos, dos processos culturais na evolução através da modificação de ambientes seletivos. Mais especificamente, a Teoria da Construção de Nicho compreende que organismos codirigem o seu processo evolutivo através de suas atividades, modificando as pressões seletivas sobre si e sobre os organismos com os quais compartilham o mesmo ambiente. Sendo assim, a evolução passa a ser compreendida como resultado de redes complexas de interação recíproca e de retroalimentação em que organismos previamente sujeitos à pressões seletivas geram mudanças em ambientes construídos que, por sua vez, por meio dessas modificações ambientais, geram pressões seletivas sobre os organismos (Odling-Smee, Laland e Feldman, 2003). Além disso, c destacar que, no estudo da construção e modificação de ambientes, assume posição central no fenômeno evolutivo o legado desses ambientes, chamado de herança ecológica, enviesando mudanças evolutivas na forma de um sistema de desenvolvimento herdado, modificado pelas gerações anteriores (Laland *et al.*, 2015). Herdamos não apenas genes, como também ambientes construídos pelos nossos antepassados, incluindo ambientes culturais/semióticos!

Sendo assim, animais produtores de significado e culturais são reconhecidos como construtores de nichos semióticos, em grande parte devido à sua capacidade de transmitir e produzir cultura e expressá-la em comportamentos. O que fica demonstrado é que os processos culturais e a herança cultural podem ser vistos como os principais meios pelos quais animais dessa natureza participam do processo universal de construção de nicho, deixando legados culturalmente construídos para as gerações futuras. Com a SEE, estabelece-se uma nova visão da interação complexa entre construção de nicho, herança ecológica e cultural, enriquecendo nosso entendimento da evolução biológica e cultural (Laland, Odling-Smee e Feldman, 2001; Odling-Smee e Laland, 2011; O'Brien e Laland, 2012).

Sendo assim, passamos a entender a evolução da seguinte forma (perdoe a citação longa, mas acredito que ela se faça importante!), pensando não apenas nos humanos como também nas orcas:

> Nossa visão contemporânea é que a evolução vai muito além da "sobrevivência do mais apto". O entendimento atual da evolução pode ser resumido da seguinte forma: a mutação introduz a variação genética que, em interação com a deriva genética, processos epigenéticos e de desenvolvimento, produz variação biológica em organismos que podem ser passados de geração em geração. O fluxo gênico movimenta a variação genética e a seleção natural (e sexual) molda a variação em resposta a restrições e pressões específicas do ambiente. A interação organismo-ambiente pode resultar na construção de nichos, alterando a forma da seleção natural e criando uma herança ecológica. Para os seres humanos, as estruturas/instituições sociais, os padrões culturais, as ações comportamentais e as percepções podem afetar esses processos evolutivos. Isso, por sua vez, pode afetar os resultados do desenvolvimento. Diversos sistemas de herança (genético, epigenético, comportamental e simbólico) podem fornecer informações que influenciam as mudanças biológicas ao longo do tempo. Além disso, o surgimento da epigenética e a compreensão de tais processos mudaram significativamente nossa visão da relação entre a evolução e o desenvolvimento de um organismo. Os processos epigenéticos podem afetar a função e a regulação dos genes, mesmo que sejam processos não codificados no DNA. Esses processos são iniciados, regulados e influenciados pela experiência de vida, estressores sociais, percepções e uma série de variáveis psicológicas, além de serem afetados por fatores bióticos e ecológicos materiais específicos e terem impactos entre gerações. Assim, as variações epigenéticas podem produzir resultados diferentes mesmo para organismos com sequências de DNA idênticas. Os seres humanos geram e transmitem símbolos, artefatos, instituições e significados, além de nossas manipulações ecológicas e genes. Todos esses processos são multidirecionais, sendo que os seres humanos, ao longo de suas vidas, dirigem e são dirigidos por seu próprio desenvolvimento. A dependência humana do aprendizado, da plasticidade e da cultura confere à construção do nicho humano uma potência especial. A

construção do nicho inclui os efeitos do contexto cultural, das histórias sociais e do comportamento humano como parte ativa de nossa dinâmica evolutiva. Essas perspectivas emergentes colocam a relação entre evolução, desenvolvimento e cultura sob uma nova luz. Fica claro que a biologia humana não existe separada de nossas ecologias sociais e estruturais: nossa cultura e cognição estão constantemente emaranhadas com nossa biologia. As fronteiras entre nossos genes, sistemas epigenéticos, corpos, ecologias, psicologias, sociedades e histórias são fluidas e dinâmicas. A percepção, o significado e a experiência são tão importantes em nossos processos evolutivos quanto os nutrientes, os hormônios e a densidade óssea – e todos esses elementos podem interagir (Fuentes e Visala, 2016, p. 24).[21]

---

[21] Our contemporary view is that evolution goes way beyond "survival of the fittest." Current understanding of evolution can be summarized as follows: Mutation introduces genetic variation that, in interaction with genetic drift, epigenetic, and developmental processes, produces biological variation in organisms that can be passed from generation to generation. Gene flow moves the genetic variation around and natural (and sexual) selection shape variation in response to specific constraints and pressures in the environment. Organism-environment interaction can result in niche construction, changing the shape of natural selection and creating ecological inheritance. For humans, social structures/institutions, cultural patterns, behavioral actions, and perceptions can impact these evolutionary processes. This in turn can affect developmental outcomes. Diverse systems of inheritance (genetic, epigenetic, behavioral, and symbolic) can all provide information that influence biological change over time. In addition, the emergence of epigenetics and the understanding of such processes have significantly changed our view of the relationship between evolution and the development of an organism. Epigenetic processes can affect gene function and regulation, but are not coded for in the DNA. These processes are initiated, regulated, and otherwise influenced by life experience, social stressors, perceptions, and a range of psychological variables, in addition to being affected by specific biotic and material ecological factors and having cross generational impacts. Thus, epigenetic variations can produce different outcomes even for organisms with identical DNA sequences. Humans generate and transmit symbols, artifacts, institutions, and meaning, in addition to our ecological manipulations and genes. All of these processes are multi-directional, with humans, throughout their lifespans, both directing and directed by their own development. Human reliance on learning, plasticity, and culture lends human niche construction a special potency. Niche construction includes the effects of the cultural context, social histories, and human behavior as an active part of our evolutionary dynamic. These emerging perspectives put the relationship of evolution, development, and culture in a new light. It has become clear that human biology does not exist separate from our social and structural ecologies: our culture and cognition are constantly entangled with our biology. The boundaries between our genes, epigenetic systems, bodies, ecologies, psychologies, societies, and histories are fluid and dynamic. Perception, meaning, and experience are as central in our evolutionary processes as are nutrients, hormones, and bone density—and all these elements can interact.

2

PERCURSOS DA PESQUISA

Este livro parte do método de pesquisa bibliográfica (Alyrio, 2009), de forma a debruçar-se sobre trabalhos já desenvolvidos no que diz respeito às orcas e temas correlatos. Para tal, tem como ponto inicial pesquisas sobretudo da biologia, com suas subdisciplinas da cetologia, biossemiótica e neurociências (Parsons *et al.*, 2009).

O estabelecimento dessa ponte com disciplinas das ciências naturais se dá, entre outros fatores, a fim de se ter acesso ao sistema semiótico em contexto disponível nas pesquisas realizadas por pesquisadores e pesquisadoras dessas outras disciplinas, bem como para reinterpretar os achados desses campos sob uma ótica sociossemiótica, com o intuito de mapear e modelar os sistemas do contexto das orcas residentes, além do sistema denotativo que os realizam e fornecer subsídios para os Estudos da Tradução, na forma de uma descrição contextual e linguística para a base de um estudo tipológico. A seleção de textos provém, sobretudo, das pesquisas realizadas desde os anos 1980 sobre as orcas residentes do pacífico norte (Bigg, 1987).

Para a pesquisa bibliográfica, compilou-se um total de 76 textos específicos das áreas da biologia, cetologia, biossemiótica e neurociências, entre artigos científicos, dissertações, teses e livros, os quais foram baixados da *internet* através de portais eletrônicos que disponibilizam trabalhos científicos. Os poucos que não puderam ser encontrados *online* foram adquiridos por mim por intermédio de livrarias virtuais, de forma a adquirir as obras em formato físico ou virtual. Com os textos em mão, eles foram fichados e armazenados na nuvem da plataforma *Google Drive* em uma pasta exclusiva para o trabalho, nomeada "Fichamentos: Orcas".

Inicialmente, com a investigação da existência de sistemas conotativos e denotativos nas orcas residentes, a partir dos dados dos trabalhos listados acima, espera-se ser capaz de desenvolver subsídios para o processo de *tradução interespecífica*.

Para tal, ao fim da pesquisa bibliográfica, o segundo passo metodológico da pesquisa partiu para a metodologia de argumentação sistêmica. De forma destacada, lancei mão de uma visão trinocular (observando contexto, semântica e lexicogramática) sobre o objeto de estudo, de forma conjunta à argumentação axial (observando os eixos paradigmáticos e sintagmáticos) e, como dito anteriormente, partindo da concepção do sistema em uso (Figueredo, 2011). Nesse sentido, investigo a diversidade simbólica do potencial de significado das orcas em termos de variação funcional (diversidade no comportamento semiótico), de forma a lançar mão dos conceitos de gênero e registro (Rose, 2001), tão caros ao estudo e prática da tradução (Steiner, 2015). A LSF apresenta todas as ferramentas necessárias para uma investigação dessa natureza. Os preceitos teórico-metodológicos da teoria são úteis nesta exploração, sobretudo, através do emprego da sua abordagem funcional (Halliday, 2005).

Além disso, a aplicação das dimensões semióticas (estratificação, por exemplo) que se inter-relacionam e atuam na descrição das línguas humanas como princípios de organização linguística, atrelada ao uso da agnação como forma de provocar a emergência de padrões (Figueredo, 2007), me propiciaram uma visão mais clara da organização semiótica do sistema das orcas, em um movimento ainda incipiente dentro da Linguística Sistêmico-Funcional e da Linguística como um todo no que tange à investigação dos sistemas linguísticos de espécies além da humana (Haentjens, 2018).

Por fim, destaca-se que, a partir de uma abordagem holística, a LSF teoriza ecologicamente os sistemas semióticos sobre os quais se debruça (como integrantes de um complexo semiótico maior), sendo esse um movimento crucial para entender as relações indissociáveis entre cultura e língua que aqui investigo, uma vez que qualquer abordagem sistêmica leva o contexto – semiótico, cultural e social – em consideração para compreender como a língua, entre outros fatores, atende às demandas culturais dos seus usuários (Matthiessen, 2019).

RESULTADOS

3

3.1 Estratificação do plano do contexto: gênero

Em uma abordagem inicialmente de cima, começando, portanto, pelo plano do contexto e, mais especificamente, pelo estrato do gênero, este subcapítulo se debruça sobre os "processos sociais orientados por etapas e um objetivo social" (Martin e Rose, 2008) mais presentes na literatura sobre orcas (Nichol, 2011): FORRAGEAMENTO, SOCIALIZAÇÃO e VIAGEM. Deve-se destacar, contudo, que dada a dificuldade de se observar cetáceos na natureza (Mann, 2017), pouco ainda se sabe sobre o contexto desses animais, de forma a apenas o FORRAGEAMENTO apresentar um detalhamento maior na literatura no que diz respeito às etapas de sua estruturação (Holt *et al.*, 2019). Dessa forma, aprofundo as investigações sobre gênero com foco no FORRAGEAMENTO, sem deixar de lado os outros dois supracitados, os quais me serão úteis sobretudo na abordagem do registro.

Assim sendo, neste subcapítulo, inicialmente me debruço sobre como esses três possíveis gêneros, com foco específico no de FORRAGEAMENTO, permeiam a sociedade das orcas residentes, a partir de uma releitura sociossemiótica dos dados disponíveis na literatura. Em seguida, no capítulo 4, de Análise dos Dados, apresento os sistemas culturais e linguísticos responsáveis pela produção de significado exposta e fatores responsáveis por essa produção, acompanhados de comentários explicando a implicação e constituição desses sistemas.

3.1.1 FORRAGEAMENTO

O FORRAGEAMENTO pelas orcas é tradicionalmente definido a partir de observações de animais em busca por alimento, principalmente salmão no caso das orcas residentes, dispersando-se ao longo de uma vasta área. Nesse processo, observam-se nados não-direcionais, com padrões irregulares de mergulho e uma variação grande de velocidade (Thomsen, Franck e Ford, 2002). No que tange ao potencial genérico (Rose, 2001) desses animais, dada a sua natureza pragmática (busca por alimento), o FORRAGEAMENTO pode ser classificado entre aqueles que são orientados pelo campo, a variável do registro relacionada ao tipo de atividades, à forma como a vida é representada e vivida. Contudo, a sintonia, a variável responsável pela negociação das relações sociais, também parece ser relevante para esse gênero: além da busca por salmão, comportamentos interpessoais, tais como golpes com a cauda e nadadeiras, "saltos de espionagem" (*spy hop* em inglês: elevação vertical da cabeça acima da superfície) e outras atividades interpessoais em subgrupos também foram observadas, o que é reforçado com a presença de assobios e chamadas pulsadas variáveis durante o FORRAGEAMENTO (Ford, 1989).

Com relação à estrutura genérica (Rose, 2019), parece haver uma divisão básica em 3 estágios: procura da presa, identificação da presa e captura da presa. Os sons mais destacados na literatura durante esse gênero são os cliques de ecolocalização, produzidos em série e de forma regular durante o FORRAGEAMENTO, para navegação e busca por presas (Au *et al.*, 2004; Simon, Wahlberg e Miller, 2007). As variações acústicas dos cliques, tais como as taxas de repetição, variam para cada estágio do gênero: de forma similar à morcegos que ecolocalizam, as orcas produzem repetições mais lentas ou cliques regulares durante a procura da presa, aumentam a taxa de repetição dos cliques quando identificam a presa e produzem um surto de cliques muito rápido, chamado de zumbido, imediatamente antes da captura (Griffin, 1958; Miller *et al.*, 1995; Filatova *et al.*, 2013).

O tipo de trem (ou série de cliques, definido pelo tipo de intervalo entre cliques) parece ser um indício do estágio do gênero, indicando inclusive a profundidade na qual a orca em forrageamento se localiza. As orcas produzem trens de cliques de repetição mais lentos em profundidades mais rasas, seguidos por trens de cliques rápidos e trens de zumbido, produzidos nas maiores profundidades. Além disso, a alteração de profundidade durante a produção de um trem de cliques é maior para cliques mais lentos seguidos por trens contendo cliques rápidos, enquanto a alteração de profundidade é menor para os zumbidos (Holt *et al.*, 2019).

A profundidade e a duração do clique parecem estar em uma relação inversamente proporcional: dessa forma, as orcas usam trens de clique com taxas de repetição mais lentas enquanto mergulham em profundidades menores e por um período mais longo, consistente com a busca acústica de presas. Em seguida, usam cliques em taxas mais rápidas à medida que mergulham para maiores profundidades, porém por um período mais curto, uma vez que se concentram e tentam capturar presas em profundidades maiores (Holt *et al.*, 2019).

Nos mesmos trabalhos sobre o papel da ecolocalização no FORRAGEAMENTO (HOLT *et al.*, 2019), de 3583 trens de cliques analisados, a grande maioria (74%) foi categorizada como trens de cliques de repetição lenta em comparação com aqueles contendo cliques rápidos (17%) e zumbidos (9%). Esses resultados implicam que a primeira fase do gênero é a mais longa, consistindo principalmente na busca por presas em profundidades relativamente rasas. Em seguida, produzem cliques de repetição mais rápida durante a identificação de presas e zumbidos pouco antes da interceptação da presa (Miller *et al.*, 2004; Johnson *et al.*, 2006; Deruiter *et al.*, 2009; Wisniewska *et al.*, 2014), com, novamente, cliques mais lentos ocorrendo em profundidades mais rasas e zumbidos em profundidades mais acentuadas (Watwood *et al.*, 2006; Fais *et al.*, 2015; Arranz *et al.*, 2016).

Ainda, há a possibilidade que a escuta de zumbidos por membros da mesma espécie possa funcionar para facilitar o compartilhamento de presas entre os membros do grupo, prática comum entre as orcas. Diferenças de sexo também foram encontradas, com os machos tendo uma probabilidade maior de cliques lentos e trens de zumbido. As diferenças de sexo, uma vez que orcas são sexualmente dimórficas, indicam que esse gênero é mais comum entre machos, o que pode ser justificado pelo fato de machos terem uma necessidade energética individual maior, devido ao seu tamanho corporal (Holt *et al.*, 2019).

Embora os sons produzidos por ecolocalização, dada a sua natureza e função como sonares, predominem nos estudos sobre FORRAGEAMENTO, chamadas discretas, variáveis, aberrantes e assobios também se fazem presentes, com destaque para as chamadas discretas. Em amostras dos *grupos* residentes do norte, Al, A4 e A5 (três *grupos* diferentes), as chamadas discretas foram responsáveis por 95,2% das chamadas produzidas (Ford, 1989).

Por sua vez, 4,3% foram chamadas variáveis e 0,5% aberrantes, com assobios sendo praticamente ausentes. Por outro lado, os assobios foram ouvidos de forma frequente, junto com as chamadas variáveis e aberrantes, quando os indivíduos interagem fisicamente. Deve-se destacar que cinco tipos de chamadas, N2, N4, N5, N7 e N9, foram as mais abundantes durante o forrageamento (Ford, 1989).

Dessas cinco chamadas, que juntas constituíram 78,5% da produção total de chamadas, a N4 foi a mais frequente (31,2%) e a N5, a menos (9,2%). Das 11 chamadas restantes do dialeto desses *grupos*, quatro (N1, N8, N10 e N12) foram registradas em mais de 90% das amostras, enquanto apenas três (N17, N19 e N27) foram representadas em menos de 50% das amostras (Ford, 1989). Além disso, orcas parecem usar as chamadas pulsadas e seus diferentes tipos para coordenar e manter a coesão do grupo durante o processo de FORRAGEAMENTO, de forma a demonstrar que as chamadas das orcas não são completamente intercambiáveis, como por muito tempo se especulou. Nessas pesquisas, notou-se que as chamadas podem funcionar para informar membros do *grupo* sobre a orientação 3D e a posição da orca em vocalização (Opzeeland *et al.*, 2005; Shapiro, 2008).

Tabela 1: Frequência relativa de ocorrência de chamadas pulsadas discretas, variáveis e assobios por gênero

Vocalização	Forrageamento (%)	Socialização (%)	Viagem (%)
Chamada pulsada discreta	94%	29%	96%
Chamada pulsada variável	3%	28%	2%
Assobio	3%	43%	2%

Fonte: Adaptada de Thomsen e Ford (2002, p. 406)

3.1.2 SOCIALIZAÇÃO

Por sua vez, o gênero SOCIALIZAÇÃO refere-se às atividades em grupo realizadas por orcas em que se engajam em uma série de interações físicas e movimentos aéreos. Entre essas atividades, orcas em socialização perseguem umas às outras, se chocam e praticam uma série de movimentos aéreos. Interações sexuais também são comuns e ereções penianas são frequentemente observadas tanto em jovens adultos quanto em adultos do sexo masculino. Os indivíduos também parecem interagir com objetos, como algas, além de, em certas ocasiões, nadar atrás de navios que passam. A maioria dessas atividades é prevalente entre as orcas mais jovens, enquanto adultos muitas vezes forrageiam em um ritmo mais lento ou descansam por perto, embora não seja incomum que também participem dessas atividades de socialização. A SOCIALIZAÇÃO ocorre com frequência dentro de unidades matrilineares ou *grupos* engajados em atividades de FORRAGEAMENTO e VIAGEM. Durante a socialização, as orcas fazem pouco ou nenhum progresso consistente (Ford, 1989).

Dadas essas observações, caracteriza-se o gênero de SOCIALIZAÇÃO como orientado para a sintonia e, observada a sua alta ocorrência, essencial para esses animais. As orcas são altamente vocais durante a SOCIALIZAÇÃO, com períodos breves e raros de silêncio. Chamadas variáveis, aberrantes, bem como assobios, são usadas com muito mais frequência durante a SOCIALIZAÇÃO em comparação ao FORRAGEAMENTO e, veremos, à VIAGEM. Em observações sobre o comportamento acústico das orcas durante a SOCIALIZAÇÃO, chamadas variáveis compreenderam até 30,5% dos sons emitidos por certos *grupos*, em comparação com 4,3 e 5,8% durante o FORRAGEAMENTO e VIAGENS. A proporção de chamadas variáveis atingiu quase 100% em alguns períodos de socialização intensa e chamadas aberrantes, relativamente incomuns em qualquer outro contexto, foram significativamente mais frequentes durante a SOCIALIZAÇÃO (4,0% das chamadas), enquanto que no FORRAGEAMENTO compreenderam apenas 0,5% e 0,2% nas VIAGENS. Por sua vez, os assobios são abundantes durante grande parte dos períodos de SOCIALIZAÇÃO, sobretudo durante mergulhos, totalizando até 43% das vocalizações ouvidas (Ford, 1989).

3.1.2 VIAGEM

Orientado para o campo, o gênero VIAGEM ocorre quando todos os membros de uma unidade matrilinear ou qualquer outra agregação social se movem na mesma direção e velocidade (Thomsen, Franck e Ford, 2001; Filatova *et al.*, 2013). São períodos de alta vocalização, com taxas superiores a 50 chamadas por minutos, porém momentos de completo silêncio também já foram observados (Ford, 1989). O comportamento vocal das orcas durante uma VIAGEM não parece diferir muito daqueles vistos durante o FORRAGEAMENTO: no geral, 94,0% de chamadas discretas, sendo o restante constituído por chamadas variáveis (5,8%) e aberrantes (0,2%) – cabe destacar que este dado específico se refere ao grupo A, da *comunidade* norte. Nos *grupos* J e L, da *comunidade* do sul, há uma diferença considerável no comportamento acústico entre os gêneros de VIAGEM e FORRAGEAMENTO, o que destaca a variação comportamental e vocal de animais que são, cabe reforçar, simpátricos (dividem o mesmo espaço geográfico). As duas últimas categorias de chamadas, junto com os assobios, são ouvidas, como no caso do FORRAGEAMENTO, sobretudo quando há atividades de SOCIALIZAÇÃO (Ford, 1989), em um possível caso de gênero interpolado (Martin e Rose, 2008), como dito acima.

3.2 Estratificação do plano do contexto: registro

Chamadas discretas constituem a maior parte das vocalizações das orcas, independente do contexto (Ford, 1989). Boa parte da literatura ainda trata o tipo de chamada individual como uma unidade arbitrária e intercambiável sem qualquer significado específico, servindo apenas para uma função: diferenciação entre grupos sociais (Ford, 1989; Miller, 2004). Contudo, outros trabalhos (Shapiro, 2008) questionam, uma vez que as chamadas possuem apenas essa função, o porquê de tantos tipos de chamada terem evoluído na espécie, sobretudo entre aquelas orcas que se alimentam de peixes. É possível que as funções desses tipos de chamadas dependam de um contexto cultural, social e interativo que ainda não fomos capazes de discernir de forma adequada (Shapiro, 2008). Semioticamente, isso pode indicar uma convencionalidade dos seus significados, uma vez que certos tipos de chamadas podem ser mais comuns em certos contextos, sobretudo com a variação do contexto social (Deecke *et al.*, 2005; Van Opzeeland *et al.*, 2005). Nesse sentido, o conceito de registro da LSF pode nos ser útil para a elucidação de algumas dessas questões, a partir do conceito de variação funcional e da relação indissociável entre contexto (cultural e situacional) e língua (Matthiessen, 2019). As configurações das variáveis do registro podem ser observadas nas escolhas do tipo de vocalizações – destaca-se, não apenas limitando-se às chamadas pulsadas – que as orcas usam, bem como com quem, quando e de que forma (WEISS *et al.*, 2008). Analiso cada variável de forma separada a seguir, a partir dos dados colhidos através do método de pesquisa bibliográfica.

3.2.1 Variações na sintonia

A variável do registro que parece ser mais relevante para as orcas é a sintonia ou o contexto social, afetando a vocalização tanto de orcas como de outras espécies sociais (Elowson e Snowdon, 1994; Smolker e Pepper, 1999; Hopp *et al.*, 2001; Snowdon e De La Torre, 2002; Baker, 2004; Radford, 2005). Nesse sentido, deve-se destacar o crescente consenso no que diz respeito a espécies de aves e mamíferos que vivem em ambientes sociais complexos: animais que evoluíram sob pressões seletivas dessa natureza exibem ao menos algumas vocalizações que respondem a mudanças no ambiente social (Weiss *et al.*, 2006). No caso marcado das orcas, o tipo de atividade (ou o campo do registro) não parece ser a principal força motriz por trás da mudança do tipo de boa parte das chamadas pulsadas, bem como dos outros tipos de vocalizações, como assobios (Filatova *et al.*, 2013).

Diferente do observado em espécies de chimpanzés (Benson e Greaves, 2010), em que certas vocalizações apresentam aparentemente uma única função, como por exemplo para sinalizar a presença de um predador específico, as chamadas discretas das orcas não parecem apresentar esse tipo de relação (Ford, 1989), levantando especulações sobre relações mais complexas entre conteúdo e expressão (Filatova *et al.*, 2013). Para as orcas, o fator determinante de uma situação parece ser, sobretudo, o número de orcas e a identidade delas, bem como outros fatores interpessoais, como será visto no subcapítulo de Análise dos Dados.

Pequenos *grupos* (menos de 10 membros) ou unidades matrilineares forrageando sozinhas geralmente emitem chamadas de forma intermitente a taxas de menos de 15 chamadas por minuto e tendem a passar a maior parte do tempo em silêncio. Por outro lado, em agregações de vários *grupos* (mais de 30 animais) é comum ouvir chamadas de forma mais consistente e em taxas mais altas. Ademais, como já foi sinalizado anteriormente, a abundância de chamadas variáveis, chamadas aberrantes e assobios, bem como qual vocalização escolher, parece ter relação direta com a variação no ambiente social. Comportamentos altamente sociais foram acompanhados pela maior incidência desses tipos de som, enquanto foram ouvidos com menos frequência durante FORRAGEAMENTO e VIAGEM – a menos que alguns animais (geralmente jovens) estivessem interagindo fisicamente ou brincando nas proximidades. À medida que a proporção de membros engajados em atividades sociais aumenta, também aumenta o número de outros sons que não as chamadas discretas (Ford, 1989).

Ainda, a variação na sintonia afeta as escolhas dos tipos de chamadas das orcas e dos outros tipos de vocalizações. Observações sobre o comportamento acústico das orcas residentes destacam que apenas 65,5% das vocalizações emitidas por certos *grupos* durante a socialização são chamadas discretas, sendo o restante composto de chamadas variáveis ou aberrantes. Ademais, a distribuição de tipos de chamadas discretas em 23 amostras de 10 minutos de episódios de socialização revelou várias diferenças significativas no uso das chamadas: as chamadas N3, N5, N7, N8 e N11 foram emitidas com mais frequência durante a SOCIALIZAÇÃO do que durante o FORRAGEAMENTO; destas, N3 também ocorreu com mais frequência durante a SOCIALIZAÇAO do que durante a VIAGEM, por exemplo (Ford, 1989).

Outro ponto relevante é exibido na agregação de vários *grupos*: uma grande diferença pôde ser observada na chamada N11, incomum durante os gêneros orientados para o campo, que compreendeu 14,1% do total de chamadas produzidas. Essa proporção é significativamente maior do que em todas as circunstâncias, exceto na reunião de *grupos* (que se configura como o encontro de *grupos* após um período longo de tempo), outra atividade altamente social. Apesar disso, uma diferença considerável também foi encontrada entre agregações de vários *grupos* e a reunião entre eles: a chamada N9, que ocorreu com mais frequência durante o contexto de agregação de vários *grupos* (Ford, 1989).

Outras investigações analisaram as relações entre as chamadas discretas e o contexto interpessoal, demonstrando como o uso de diferentes categorias de chamadas é influenciado pela sintonia. Neste ponto, cabe destacar que, para o estudo das orcas que se alimentam de peixes na Rússia, pesquisas usam um outro termo para se referir a tipos diferentes de chamadas pulsadas: chamadas monofônicas e bifônicas, que basicamente representam o mesmo fenômeno observado pelos fenômenos de chamadas variáveis e aberrantes. Isto posto, observou-se a variação do uso desses tipos de chamadas dependendo do número de *grupos* presentes. Chamadas monofônicas dominam as vocalizações quando um único *grupo* está presente, enquanto na presença de mais de um *grupo* ambas as categorias são usadas em proporções iguais.

Nesse sentido, a proporção de chamadas monofônicas de baixa frequência diminui com o aumento do número de *grupos*, bem como com a presença de *agrupamentos de grupos mistos* (agrupamentos constituídos por animais de diferentes *grupos*). Ademais, a proporção de chamadas monofônicas de alta frequência aumenta com o número de *grupos*, da mesma forma que a proporção de chamadas bifônicas cresce com a presença dos *agrupamentos de grupos mistos* (Filarova *et al.*, 2013).

Portanto, para as chamadas pulsadas parece haver uma tendência de diminuir a proporção de chamadas monofônicas de baixa frequência e aumentar a proporção de chamadas bifônicas e monofônicas de alta frequência com a complexidade do contexto social: na presença dos *agrupamentos de grupos mistos* e, em menor grau, com o aumento do número de *grupos*. Deve-se destacar que as mesmas investigações identificaram que as chamadas monofônicas de alta frequência tiveram uma tendência inversa em relação às chamadas monofônicas de baixa frequência: sua proporção aumentou com o número de *grupos* (Filatova *et al.*, 2013).

Dessa forma, essa variação de uso entre chamadas mono e bifônicas parece indicar papéis diferentes desempenhados por cada uma na comunicação acústicas das orcas. Assim, as chamadas bifônicas e, de forma semelhante, as monofônicas de alta frequência parecem funcionar como marcadores acústicos específicos de cada *grupo* e *unidade matrilinear*, atuando para manter contato à distância entre os indivíduos relacionados, uma vez que essas chamadas são mais comuns na presença de *agrupamentos de grupos mistos*, consistindo de membros de diferentes *grupos*. Nesse tipo de situação, as orcas do mesmo *grupo*, afastadas umas das outras, podem precisar de recursos que permitam reconhecer os membros do mesmo *grupo* e manter contato à distância. Por sua vez, chamadas monofônicas de baixa frequência são usadas como recursos intragrupo de curto alcance para manter o contato entre os membros do *grupo* em condições de visibilidade limitada. (Filatova *et al.*, 2013).

A identidade do *grupo* com quem as orcas interagem também é relevante: o uso de alguns tipos de chamada difere dependendo de qual *grupo* acompanha uma unidade matrilinear, o que sugere que as mudanças no uso da chamada podem ser afetadas não apenas pela presença de outros grupos, mas também por sua identidade. As mudanças mais consistentes tiveram relação com um aumento no uso das chamadas específicas de cada *unidade matrilinear*, bem como chamadas variáveis e aberrantes na presença de orcas de outros *grupos* (Weiss *et al.*, 2008).

Além disso, as diferenças no uso de chamadas podem refletir papéis sociais distintos nas associações entre orcas: observando três *unidades matrilineares* diferentes, percebeu-se que ao menos uma delas fazia uso de vocalizações de baixa intensidade, tais como chamadas variáveis e assobios, o que indica comunicação privada, além de outras mudanças no uso de chamadas. Essas variações podem refletir diferenças na maneira como cada *unidade matrilinear* responde a associações com orcas fora do seu círculo familiar, de forma a refletir possíveis papéis sociais distintos dentro dos *grupos, clãs* e até *comunidades* (Weiss *et al.*, 2008).

Ainda, estudos de *playback* (em que os próprios sons dos animais sob estudos são reproduzidos na direção deles para que se possa analisar as suas possíveis funções com base nas reações comportamentais observadas) mostraram que orcas reagem de maneira diferente às reproduções de chamadas de seus próprios *grupos* e de *grupos* diferentes. A capacidade de reconhecer membros da mesma espécie e, de forma mais essencial, da mesma família por meio de vocalizações de longa distância e curta distância aparentemente é benéfica para mamíferos com sistemas sociais altamente fluidos e falta de territorialidade, onde indivíduos e unidades sociais frequentemente se espalham ou se separam (Filatova *et al.*, 2011).

Por fim, reforçamos que este trabalho se limita às descrições sobre as orcas residentes (Bigg *et al.*, 1990), comentando sobre orcas de outras regiões apenas onde consideramos frutífero para a discussão e, consequentemente, suas conclusões e observações não poderão ser aplicadas a outros ecótipos. Como exemplo da variação de estratégias de caça e, potencialmente, cultural dentro dessa espécie, podemos citar as diferentes escolhas que orcas residentes do Alasca e transientes da região da Colúmbia Britânica, em comparação com as orcas norueguesas que se alimentam de peixes, apresentam: nos dois primeiros casos, observou-se uma diminuição do uso de ecolocalização por indivíduo à medida que o número de orcas aumentava (Barret-Lennard *et al.*, 1996) durante o FORRAGEAMENTO; por outro lado, no caso das norueguesas, observou-se o oposto: um aumento no uso de ecolocalização, sugerindo um possível compartilhamento de informação entre as orcas da região (Opzeeland *et al.*, 2005).

3.2.2 Variações no campo

Como dito anteriormente, a sintonia parece ser a variável do registro mais relevante para a variação funcional para as vocalizações das orcas, de forma a prevalecer sobre o campo: as proporções das diferentes categorias de chamadas pulsadas observadas durante uma VIAGEM não diferem significativamente daquelas registradas durante o FORRAGEAMENTO, em que a atividade (o campo) muda, mas o contexto social permanece basicamente o mesmo.

No geral, 94,0% foram chamadas discretas, sendo o restante constituído por chamadas variáveis (5,8%) e aberrantes (0,2%). Embora muitos *grupos* tenham os seus próprios dialetos de chamadas pulsadas (Ford,

1984), o estudo das vocalizações de três *grupos*, A1, A4 e A5 demonstrou que a maneira como as chamadas são usadas por *grupos* diferentes é, de forma geral, bastante semelhante (Ford, 1989).

A despeito do uso relativo de diferentes chamadas discretas variar com a atividade, nenhum tipo de chamada parece ter uma correlação exclusiva com qualquer comportamento (ou campo) específico. Mais uma vez, a variação na produção relativa das vocalizações parece ser mais latente nos contextos intra e intergrupos (Weiss *et al.*, 2007, Foote *et al.*, 2008; Filatova *et al.*, 2009).

3.2.3 Variações no modo

Por fim, no que tange ao modo, a variável responsável pela organização semiótica e suas modalidades de produção, a distância semiótica (Eggins, 2004) entre as orcas em uma interação parece ser o fator determinante. Nesse sentido, a produção de chamadas pulsadas discretas e variáveis pelas orcas varia com o contexto de uma maneira semelhante à observada em outros mamíferos. As vocalizações gravadas durante FORRAGEAMENTO ou VIAGEM consistem predominantemente em chamadas discretas. Nessas situações, os membros de um *grupo* tendem a estar dispersos e fora do alcance visual uns dos outros. Por outro lado, sempre que os animais se juntam e interagem fisicamente, há um aumento considerável na produção de chamadas variáveis, aberrantes e assobios, bem como possivelmente de linguagem corporal (Ford, 1989). Além disso, em ambientes com alta poluição sonora, orcas são capazes de alterar a amplitude, duração, taxa de repetição e/ou frequência das suas vocalizações para que sejam ouvidas (Hold *et al.*, 2009).

ANÁLISE DOS DADOS

Neste capítulo, apresento os sistemas responsáveis pelos resultados dispostos acima, de forma a entender as orcas como produtoras de significado a partir de um sistema que possui também o plano do contexto, diferente do que havia sido concluído sobre as protolínguas (Halliday, 1978; Martin, 2013) de outras espécies animais. Inicio pelos sistemas do plano do contexto (gênero e registro) e finalizo com sistemas linguísticos (denotativos). A partir da apresentação de cada sistema, discorro sobre a sua motivação, organização, bem como explico cada um dos seus termos e as suas relações inter e intraestratais.

4.1 Estrato do gênero: FORRAGEAMENTO

Figura 16: Estrutura genérica do gênero FORRAGEAMENTO

Forrageamento:
Busca ^ Confirmação ^ Captura ^ (Compartilhamento)

Busca: Identificadora: trens de cliques lentos
Localização: Localizadora: trens de cliques rápidos
Captura: Confirmadora: zumbidos

Fonte: Elaborada pelo autor

Figura 17: Sistema de TIPO DE ECOLOCALIZAÇÃO responsável pelas opções que realizam as etapas do gênero de FORRAGEAMENTO

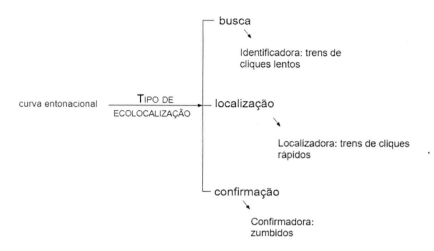

Fonte: Elaborada pelo autor

Começo pela descrição do gênero FORRAGEAMENTO, apresentando a sua estrutura genérica (Martin e Rose, 2008), bem como um sistema linguístico responsável pela sua realização. A partir da Figura 16, podemos observar a estruturação do gênero, divido em três etapas obrigatórias e uma possivelmente opcional. Como discutido no subcapítulo anterior, a primeira etapa se configura como a de Busca, que é então seguida pelas etapas obrigatórias de Confirmação e Captura, tendo, por fim e opcionalmente, a etapa de Compartilhamento.

Cada etapa é realizada por uma opção do sistema fonológico de TIPO DE ECOLOCALIZAÇÃO. O sistema tem como condição de entrada uma curva entonacional, de forma a fornecer o ambiente para três opções distintas: [busca], [localização] e [confirmação], que são mutuamente excludentes. A opção de busca é realizada pela função de Identificadora, que por sua vez é fonologicamente realizada por trens de cliques lentos. No que tange a etapa de Busca do gênero de FORRAGEAMENTO, é a função de Identificadora responsável pela realização dessa etapa.

Por sua vez, para a etapa de Confirmação, faz-se uma seleção da opção de [localização] no sistema, sendo realizada pela função Localizadora, fonologicamente realizada por trens de cliques rápidos, como vemos acima.

No que tange à última etapa obrigatória, a de Captura, faz-se a seleção da opção de [confirmação], realizada pela função Confirmadora, que por sua vez é fonologicamente por zumbidos de cliques. Por fim, não foi possível identificar a forma como a etapa de Compartilhamento é gerada pelo sistema. Contudo, cabe destacar a sua alta incidência durante o gênero de FORRAGEAMENTO (Ford, 2006): interações de orcas durante eventos pós-captura indicam que a maioria das presas são compartilhadas por 2 ou mais indivíduos (Ford, 2006). Estima-se que os sons dos zumbidos possam também servir de forma a alertar outras orcas para o Compartilhamento, porém essa possibilidade ainda não foi explorada de forma aprofunda, de forma que se espera estender a delicadeza do sistema de TIPO DE ECOLOCALIZAÇÃO ou a identificação de um outro sistema responsável por esse significado.

4.2 Estrato do registro

4.2.1 Estrato do registro: sintonia

Figura 18: Sistema da variável sintonia do registro

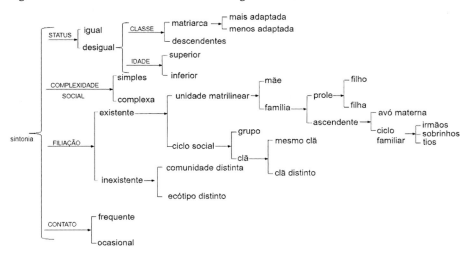

Fonte: Elaborada pelo autor

Em consonância com os Resultados apresentados e a natureza social das orcas residentes, temos o sistema que representa a estrutura semiótica interpessoal, da variável sintonia do registro, como o semioticamente mais complexo. Tendo a variável da sintonia como condição de entrada, o sistema abre uma chave para estabelecer um ambiente com quatro sistemas interpessoais simultâneos: STATUS, COMPLEXIDADE SOCIAL, FILIAÇÃO e CONTATO. Começando pelo sistema de STATUS, observa-se uma agnação inicial entre status [igual] e [desigual].

No que tange à opção de [igual], considero as relações entre irmãos, sobretudo os raros casos de gêmeos (Ford, Ellis e Balcomb, 2000). Contudo, cabe destacar ser mais comum que haja algum desequilíbrio de status dentro das *unidades matrilineares, grupos, clãs* e *comunidades*, de forma que a opção de desigual no sistema atua como condição de entrada para uma cosseleção entre os sistemas de CLASSE e IDADE. Esses sistemas foram motivados por pesquisas sobre FORRAGEAMENTO, em que demonstraram como variações de idade decidem o compartilhamento de alimentos e liderança dos movimentos de busca, confirmação e captura (Brent *et al.*, 2015; Wright *et al.*, 2016).

Quanto ao sistema de CLASSE, destaco a hierarquização da sociedade matrilinear das orcas residentes, dividida em [matriarca] e [descentes]. Essa agnação foi motivada por, novamente, pesquisas sobre FORRAGEAMENTO, bem como investigações sobre ontogenia, que demonstraram a primazia das matriarcas no processo de ensino acústico, dialético e de caça (Bowles, Young e Asper, 1988; Brent *et al.*, 2015; Wright *et al.*, 2016). Ademais, a opção de matriarca atua como condição de entrada para mais um sistema, que estabelece agnação entre matriarcas [mais adaptadas] ou [menos adaptadas] às regiões de FORRAGEAMENTO. Esse sistema foi motivado pela pesquisa de Brent *et al.* (2015), em que se observou como matriarcas específicas organizam o processo de forrageamento de todo o *grupo*, dependendo da região em que o forrageamento ocorre.

Figura 19: Sistema de STATUS e seus subsistemas

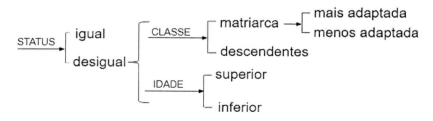

Fonte: Elaborada pelo autor

Por sua vez, o sistema de COMPLEXIDADE SOCIAL ilustra o fenômeno observado no subcapítulo de Resultados, em que a variação no ambiente social afeta o comportamento linguístico das orcas residentes. Mais especificamente, o sistema captura a forma como o número de *grupos* causa essa interferência, de forma que o sistema gera dois significados: [simples], em que há apenas um *grupo* presente, e [complexa], em que há mais de um *grupo* presente, como destaquei anteriormente (Ford, 1989).

Figura 20: Sistema de COMPLEXIDADE SOCIAL

Fonte: Elaborada pelo autor

O terceiro sistema, o de FILIAÇÃO, inicialmente estabelece uma agnação entre filiação [existente] e [inexistente]. A opção [inexistente] atua como condição de entrada para outro sistema, que por sua vez estabelece a agnação entre [comunidade distinta] e [ecótipo distinto], uma vez que orcas residentes não entram em contato algum com animais dessa natureza, embora sejam simpátricos (Whitehead, Rendell, 2014).

A opção [existente] torna-se condição de entrada para um sistema que estabelece agnação entre [*unidade matrilinear*] e o [ciclo social], uma vez que orcas nunca se separam da sua família e é com elas que culturalmente e linguisticamente mais se assemelham, ao passo que podem passar dias ou mais sem contato com outros *grupos*, além de diferirem em diversos tipos de comportamento, como acústicos (Rendell, Whitehead, 2001). A opção de [ciclo social] estabelece a agnação entre [*grupo*] e [*clã*], uma vez que as interações são mais frequentes entre orcas do mesmo *grupo*, bem como as suas semelhanças acústicas, enquanto que os encontros com *clãs* são menos frequentes e o dialeto se resume a apenas algumas chamadas compartilhadas (Shapiro, 2008). Por sua vez, há também uma agnação entre o [mesmo *clã*] e [*clãs* distintos], uma vez que orcas interagem com *clãs* distintos apenas por meio do repertório de assobios e, em grande parte, apenas para acasalamento (Yurk, 2005).

Retornando à agnação entre [*unidade matrilinear*] e [ciclo social], a partir da escolha da primeira estendi a delicadeza, de forma a observar um sistema que estabelece agnação entre [mãe] e [família], uma vez que é ao redor da matriarca que todas as relações familiares giram ao redor da matriarca (Parsons *et al.*, 2009). A partir da opção de [família] no sistema, temos outro sistema que estabelece agnação entre [prole] e [ascendentes]. A opção [prole] estabelece uma agnação entre [filho] e [filha], tendo em vista que há um tratamento distinto dos dois pela matriarca, sobretudo no que diz respeito à compartilhamento seletivo de presas. Acredita-se que, a partir do amadurecimento sexual da filha, a mãe passe a priorizar o cuidado do filho, mesmo durante a sua fase adulta, ao passo que a filha assume o papel de matriarca da sua própria família (Wright *et al.*, 2016).

A opção [ascendente], que por sua vez é condição de entrada para um outro sistema, busca capturar as variações interpessoais entre a [avó materna], a grande matriarca de uma família, e os outros membros do [ciclo familiar], que são agnados em um sistema de três opções (Whitehead e Rendell, 2014; Brent *et al.*, 2015).

Figura 21: Sistema de FILIAÇÃO e seus subsistemas

Fonte: Elaborada pelo autor

Por fim, o sistema de CONTATO foi motivado por pesquisas que mostraram que existem preferências de associação entre orcas residentes. Nesse mesmo sentido, como vimos acima, outros trabalhos apontaram que a identidade do *grupo* é um fator interpessoal relevante que afeta o comportamento do sistema semiótico desses animais. Dessa forma, o sistema apresenta duas opções para representar as opções de contato [frequente] ou [ocasional] (Williams e Lusseau, 2006; Nousek *et al.*, 2006; Weiss *et al.*, 2008). Mais pesquisas precisam ser realizadas para determinar quais fatores determinam essas preferências, de forma que permita expandir a delicadeza do sistema.

Figura 22: Sistema de CONTATO

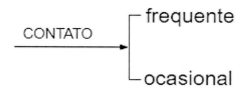

Fonte: Elaborada pelo autor

4.2.2 Estrato do registro: modo

Figura 23: Sistema da variável modo do registro

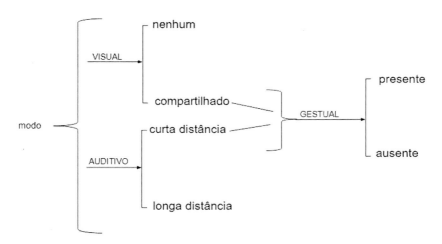

Fonte: Elaborada pelo autor

Como dito acima, no que tange à variável modo, a distância semiótica é o fator determinante para a variação do sistema denotativo das orcas (Shapiro, 2008). Na figura 23, tendo a variável modo como condição de entrada, observa-se a cosseleção de dois sistemas: VISUAL e AUDITIVO. Quanto ao primeiro sistema, destaco como o sistema semiótico das orcas permite comunicação mesmo sem que as orcas estejam dentro de seu campo de visão, exemplificado na opção [nenhum], que estabelece agnação com a opção [compartilhado], no caso em que orcas estão fisicamente próximas umas das outras (Shields, 2019).

Figura 24: Sistema de VISUAL

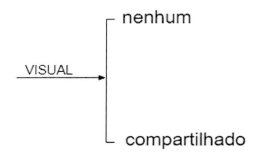

Fonte: Elaborada pelo autor

O sistema AUDITIVO representa a possibilidade de comunicação por meio de recursos de baixa ou alta intensidade, dependendo da distância semiótica entre as orcas em interação, gerando as opções [curta distância], que tendem a ser predominados por chamadas variáveis, aberrantes e assobios, e [longa distância], em que há quase o uso exclusivo de chamadas pulsadas (Ford, 1991).

Figura 25: Sistema de AUDITIVO

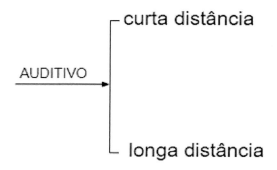

Fonte: Elaborada pelo autor

Para a motivação do sistema de GESTUAL, em que há a possibilidade de troca de significados através da linguagem corporal, temos uma conjunção na condição de entrada, de forma que as opções [compartilhado], do sistema de VISUAL, e [curta distância], do sistema de AUDITIVO, atuam em conjunto para gerar a condição de entrada para o sistema de GESTUAL. Este, por sua vez, gera as opções [presente] ou [ausente] (Wright, 2014).

Figura 26: Sistema de GESTUAL

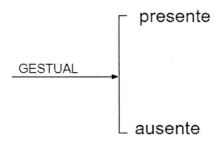

Fonte: Elaborada pelo autor

4.2.3 Estrato do registro: campo

Figura 27: Sistema da variável campo do registro

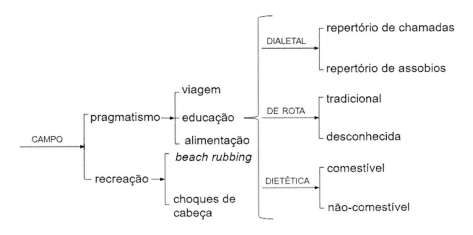

Fonte: Elaborada pelo autor

O sistema da variável de campo estabelece a sua primeira agnação a partir da diferenciação de duas opções: [pragmatismo] e [recreação]. A opção de [recreação] abre um outro sistema, com as opções [*beach rubbing*] e [choques de cabeça], exemplificando as atividades de socialização que são realizadas individualmente ou em grupo, respectivamente (Thomsen, Frank e Ford, 2002; Filatova *et al.*, 2013). Por sua vez, a opção de [pragmatismo] abre um sistema com três opções: [viagem], [educação] e [alimentação], que permeiam as atividades pragmáticas da vida de uma orca residente (Ford, 1989; Filatova *et al.*, 2009).

Figura 28: Sistema de variável campo e seus subsistemas

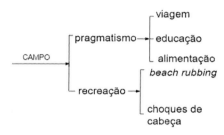

Fonte: Elaborada pelo autor

Aumentando a delicadeza do sistema, a opção de [educação] abre uma cosseleção entre três outros sistemas: DIALETAL, DE ROTA e DIETÉTICA.

Figura 29: Cosseleção de sistemas pela condição de entrada [educação]

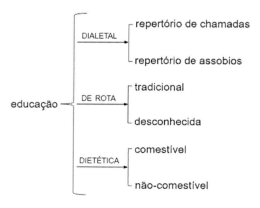

Fonte: Elaborada pelo autor

Esses sistemas foram motivados a partir de pesquisas que demonstraram práticas de enculturação das orcas nesses três eixos (Whitehead e Rendell, 2001, 2014). No que diz ao primeiro desses sistemas, observou-se um aumento significativo do uso de chamadas específicas de *unidades matrilineares* por parte da matriarca e por outros membros da família durante a gestação da matriarca (Weiss *et al.*, 2006). Após o nascimento, o aumento de chamadas típicas da família é mantido até o amadurecimento do repertório do novo integrante da família. Além do repertório de chamadas pulsadas, outras pesquisas já evidenciaram que o repertório de assobios também é aprendido, tanto verticalmente quanto horizontalmente, porém não de forma simultânea ao repertório de chamadas pulsadas (Filatova, Burdin e Hoyt, 2010). Sendo assim, temos as duas opções: [repertório de chamadas] e [repertório de assobios].

Figura 30: Sistema de DIALETAL

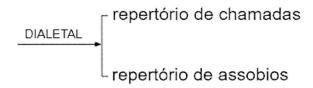

Fonte: Elaborada pelo autor

Quanto ao sistema DE ROTA, pesquisas observaram que existem rotas preferenciais de cada *grupo*, que são aprendidas socialmente e que demandam tempo com a matriarca que organiza esses deslocamentos (Brent *et al.*, 2015). Dessa forma, o sistema gera uma agnação entre dois significados: a rota [tradicional] e a rota [desconhecida], permanentemente inexplorada.

Figura 31: Sistema DE ROTA

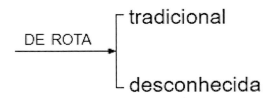

Fonte: Elaborada pelo autor

Por fim, o sistema de DIETÉTICA está amparado nas pesquisas que demonstraram a seletividade das orcas quanto ao que se alimentam, tanto na natureza como em cativeiro. Na natureza, trabalhos observaram sobre a captura de tipos específicos de salmão por orcas residentes apesar da vasta gama de presas disponíveis. No cativeiro, existe uma série de exemplos demonstrando a forma como a qual orcas que foram enculturadas a se alimentarem a partir de um tipo específico de presa se recusam a comer outras quando são oferecidas no cativeiro (Ford e Ellis, 2006; Rendell e Whitehead, 2014; Shields, 2019). De tal maneira, o sistema estabelece agnação entre o que é semiotizado como alimento ou não na vida simbólica das orcas residentes, com as opções [comestível] e [não-comestível].

Figura 32: Sistema de DIETÉTICA

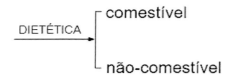

Fonte: Elaborada pelo autor

4.3 Plano do conteúdo, estrato da semântica-discursiva

4.3.1 Plano do conteúdo, estrato da semântica-discursiva: NEGOCIAÇÃO, AVALIATIVIDADE e FUNÇÕES DISCURSIVAS

Gravações de orcas residentes nos anos 1990 (Ford, 1991) revelaram repertórios de vocalizações específicas de *unidades matrilineares* e uma forte tendência para que sons do mesmo tipo sejam produzidos em série. Baseados nessas pesquisas, Miller *et al.* (2001) identificaram interações entre indivíduos da mesma *unidade matrilinear* quando fora do alcance visual um do outro. As orcas residentes se dispersam regularmente para forragear por várias horas, reunindo-se em seguida para atividades de socialização e descanso (Ford, 1989; Hoelzel, 1993). Muitas pesquisas de comunicação acústica enfatizam interações rápidas, geralmente conhecidas como "trocas vocais" (*vocal exchanges*, em inglês), nas quais um receptor responde a um som enviando um outro de volta em um curto período de tempo.

Essas interações vocais podem fornecer um mecanismo para um respondente direcionar um som graduado para um receptor pretendido (Krebs *et al.*, 1981; McGregor *et al.*, 1992; Janik, 1998), para que os indivíduos se reconheçam (Beecher *et al.*, 1996), para o receptor confirmar a recepção do som (Sugiura, 1993), ou para a troca de informações sobre a localização do chamador (Falls *et al.*, 1982). Mais especificamente, uma possível função das trocas verbais identificada no estudo de Miller *et al.* seria a de permitir que as orcas em interação negociassem suas posições e trajetórias de movimento. A análise das sequências de chamadas das orcas em interações mostrou uma tendência estatisticamente significativa das chamadas serem repetidas em série, coincidindo com a constatação anterior de Ford (1989) de que chamadas do mesmo tipo tendem a ser produzidas em série. Cabe destacar que o potencial das trocas vocais para modular o comportamento entre indivíduos de orcas reside na capacidade desses animais de se reconhecerem com base na estrutura acústica de seus sons (Bertram, 1978).

Dessa forma, trocas vocais podem ser entendidas como uma sequência de duas chamadas do mesmo tipo, com cada uma das chamadas sendo produzidas por animais distintos em interação. Cabe destacar que os resultados sugerem que o tempo e os tipos de chamadas produzidas são fortemente influenciados pelo comportamento vocal das orcas em interação (Miller *et al.*, 2001).

Nesse sentido, a partir das trocas vocais pode-se identificar um sistema de NEGOCIAÇÃO em que há a troca de bens-&-serviços e informação, com a ordem troca como condição de entrada. Além disso, a troca parece ocorrer tanto na configuração conhecedor/ator primário∧secundário ou conhecedor/ator secundário∧primário, embora ainda haja uma carência de dados. Nesse sentido, seguramente pode-se concluir que a configuração conhecedor/ator primário∧secundário está presente no potencial de significado de uma negociação entre orcas, uma vez que o interlocutor que desempenha a função de levar a negociação a uma conclusão bem-sucedida é o interlocutor principal (Martin, Quiroz e Figueredo, 2021).

Figura 33: Sistema de NEGOCIAÇÃO

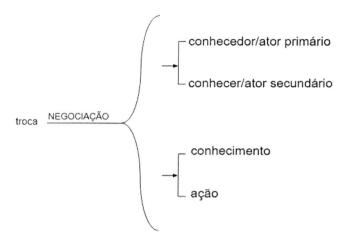

Fonte: Elaborada pelo autor

As pesquisas também forneceram dados para o desenho de um sistema de AVALIATIVIDADE. Nesse caso, há uma cosseleção entre os sistemas de ATITUDE e GRADAÇÃO. O sistema de ATITUDE gera duas opções, para [afeto] e [neutra]. Por sua vez, o sistema de GRADAÇÃO gera recursos para gradação [força alta] ou [força baixa]. Esses sistemas podem ser observados nas instâncias em que as orcas expressam o seu estado emocional a partir de sequências de assobios, chamadas variáveis e, mais especificamente, da chamada V4.

Na literatura da biologia acústica, existem dois tipos básicos de sons usados por mamíferos: discretos e graduados (Ford, 1989; Filatova *et al.*, 2007). Os sons discretos possuem uma estrutura relativamente padronizada e única e podem ser classificados em grupos definidos. Por sua vez, sons graduados compõem um conjunto de sons altamente variados, sendo classificados em uma variedade de formas acústicas. Sons discretos de mamíferos tendem a ser associados com comunicação de longo alcance entre membros da mesma espécie. São observados em espécies em que os indivíduos frequentemente se separam e dependem inteiramente do som para manter a comunicação em tais situações. Ao contrário dos sons discretos, os sons graduados são observados em circunstâncias sociais nas quais os membros do grupo estão próximos. Nesse tipo de situação, uma vez que o contato visual e físico se torna possível, a demanda por identificação inequívoca na produção do som é reduzida. Nessas situações, conjuntamente à linguagem corporal, pequenas diferenças na estrutura do som graduado podem refletir gradações menores no estado emocional do indivíduo (Green, 1975; Marler, 1976).

Mais especificamente, as chamadas das orcas residentes também podem ser discretas ou graduadas. Consonante ao disposto acima, as chamadas graduadas são mais comumente usadas durante interações de curta distância, como socialização ou viagens sociais (Ford, 1989; Thomsen *et al.*, 2002). Ford (1989) descreveu uma série distinta de "chamadas de excitação" bastante intensas com modulação rápida de tom para cima e para baixo. Ele propôs que essas e outras chamadas variáveis são sons graduados usados para coordenar as várias interações de orcas próximas umas das outras.

Em uma primeira tentativa de organizar sistematicamente as muitas formas de chamadas variáveis nas orcas, Thomsen *et al.* (2001) categorizaram mais de 2 mil chamadas variáveis em seis classes estruturais que podem ser distinguidas por características de contorno e frequência. Essas classes podem ser organizadas em um contínuo de chamadas de baixa e de alta frequência. Nos trabalhos supracitados, mais de 70% de todas as chamadas variáveis foram emitidas em sequências – cabe destacar que aquelas de frequência semelhante se seguiram mais frequentemente (Thomsen *et al.*, 2001). Os resultados dos estudos indicam que as chamadas variáveis nas orcas representam um sistema graduado com diferentes classes de chamadas provavelmente indicando variações sutis no estado emocional dos animais.

Dessa forma, propõem que sequências de chamadas variáveis são indicadoras gerais do estado emocional desses animais e são emitidas espontaneamente durante todos os tipos de atividades de socialização, independentemente da idade e do sexo. Destacam ainda que não puderam encontrar diferenças significativas na duração das sequências e no número de chamadas emitidas dentro das sequências durante as quatro interações de socialização analisadas. A duração e o número de chamadas dentro das sequências provavelmente dependem apenas do estado afetivo do indivíduo (Ford, 1989). A descoberta de que a maioria das sequências é composta por uma série de chamadas semelhantes reforça ainda mais essa ideia (Rehn, Teichert e Thomsen, 2007).

Os pesquisadores ainda destacam que o fato de sequências de classes de chamadas variáveis serem emitidas por animais de ambos os sexos e provavelmente de todas as classes de idade não significa que sejam inespecíficas. O significado produzido provavelmente depende da classe de chamada usada. Por exemplo, foi descoberto que a chamada V4 é a chamada mais frequente em todas as sequências. A classe de chamada V4 é a que mais se destaca nos estudos no que diz respeito à produção de significados emocionais, uma vez que geralmente compreende muitas modulações de frequência. Variações sutis da chamada podem representar mudanças sutis no estado emocional da orca vocalizadora (Rehn, Teichert e Thomsen, 2007).

No que diz respeito às sequências de assobios – sendo definida por Riesch, Ford e Thomsen (2008) como pelo menos dois assobios que acontecem com até 5 segundos entre um e outro –, cabe destacar a complexidade deles: partes das sequências são compostas por *multiloops*, caracterizados como repetições do mesmo tipo de assobio. Tipos específicos de assobios são emitidos predominantemente no início ou no final de uma sequência. Outra forma de *multiloops* é composta por combinações específicas dos assobios W4 ou W3, W3T e W4T, respectivamente. Esses diferentes *multiloops* podem ser usados para realçar e enfatizar certos significados, como estados emocionais específicos, dentro das sequências (Riesch, Ford e Thomsen, 2008).

Figura 34: Sistema de AVALIATIVIDADE

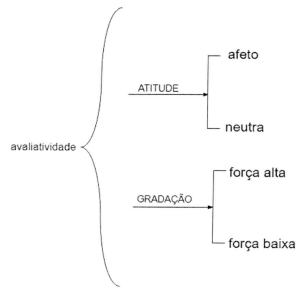

Fonte: Elaborada pelo autor

Realizando as opções desses sistemas, temos o sistema de FUNÇÕES DISCURSIVAS, cuja condição de entrada é a ordem movimento. Cabe destacar que, bem como existe a escala de ordens na lexicogramática das línguas humanas (geralmente com morfema, palavra, grupo/frase e oração), na semântica-discursiva também há relações de composição. Nesse caso, trocas são compostas por movimentos (Martin, Quiroz e Figueredo, 2021).

O sistema inicialmente estabelece agnação entre as opções [expressar-se] e [dirigir-se às outras]. A opção [expressar-se] é realizada por instâncias em que as orcas expressam o seu estado emocional a partir de sequências de assobios e de chamadas graduadas como a V4, como vimos acima. A opção [dirigir-se às outras] abre uma cosseleção entre dois sistemas. O primeiro relaciona-se com a direção da comunicação, estabelecendo uma agnação entre as opções [cumprimentar] e [negociar]. A opção [cumprimentar] foi motivada pelos diversos trabalhos que descrevem uma possível tradição característica das orcas residentes: as chamadas "cerimônias de cumprimento" (*greeting ceremonies*, em inglês). Quando *grupos* se encontram, cada um forma uma espécie de fileira. Quando as fileiras estão a cerca de vinte metros de distância, elas param de frente uma para a outra. Depois de uma pausa de um minuto ou menos, as orcas mergulham, "e uma grande quantidade de excitação social e atividade vocal ocorre à medida que nadam e se aglomeram em subgrupos compactos" (Ford, Ellis e Balcomb, 2000).

Por sua vez, a opção [negociar] atua como condição de entrada e gera uma cosseleção, agora entre a mercadoria negociada e o papel discursivo assumido. O sistema de mercadoria estabelece agnação entre [bens-&-serviços] e [informação], ao passo que o sistema de papéis discursivos estabelece entre [fornecer] e [demandar]. Ainda, há o sistema que realiza cada movimento de uma negociação, podendo acontecer entre um movimento inicial ou reação, a partir das opções [iniciar] e [reagir]. Havendo reação, as orcas, selecionando a opção [reação] podem reagir com um eco da chamada anterior ou com silêncio, a partir da opção [não-reação].

Figura 35: Sistema de FUNÇÕES DISCURSIVAS

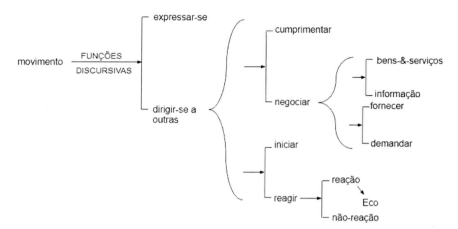

Fonte: Elaborada pelo autor

4.3.2 Plano do conteúdo estratificado

Os dados apontam para uma possibilidade distinta do que a literatura apresenta sobre protolínguas – monofuncionais, incapazes de gerar instâncias em que há a produção de mais de um significado de forma simultânea, além de não possuírem o plano do contexto em sua constituição. O que parece haver no caso das orcas é uma simultaneidade entre sistemas ideacionais e interpessoais – cabe destacar, atualmente acredita-se que sistemas textuais são necessários para a articulação desses dois tipos de significados (Halliday, 2002), porém sistemas textuais não foram identificados com os dados disponíveis.

Nesse sentido, ideacionalmente o sistema responsável pela produção de significado seria o de CONSTRUÇÃO IDEACIONAL. No primeiro nível de delicadeza, o sistema gera uma agnação entre [posição] e [orientação], realizadas, respectivamente, pelas funções Posicionadora e Orientadora. Selecionando a opção [posição], abre-se um novo sistema, em que há agnação entre o tipo de posição significado: [individual] ou do [objeto sob análise], cada opção sendo realizada pelas suas respectivas funções.

Figura 36: Sistema de CONSTRUÇÃO IDEACIONAL

Fonte: Elaborada pelo autor

Interpessoalmente, há uma cosseleção de quatro sistemas distintos em uma rede de sistemas: ENCENAÇÃO INTERPESSOAL. O primeiro, de MODO, representa o sistema responsável pela realização de NEGOCIAÇÃO e FUNÇÕES DISCURSIVAS na semântica-discursiva. O sistema gera duas opções, uma vez que as orcas podem negociar tanto informação como bens-&-serviços. Os sistemas de IDENTIDADE AFILIATIVA e IDENTIDADE INDIVIDUAL foram motivados tendo em vista as pesquisas que apontam que, a partir de qualquer chamada do repertório de chamadas pulsadas, orcas indexam tanto o *grupo* a que pertencem bem como a sua identidade pessoal (Ford, Ellis e Balcomb, 2000).

Quanto ao sistema de DISPOSIÇÃO, a sua motivação se deu ao fato de que as orcas, também simultaneamente, indexam o seu estado emocional a partir de qualquer chamada produzida. O sistema gera quatro opções distintas: [animada], [triste], [ansiosa] e [neutra], cada uma sendo realizada pela sua função específica. Cabe destacar que é possível, além do aumento da delicadeza do sistema, que mais significados sejam encontrados para esse sistema, uma vez que pesquisas anteriores já demonstraram a presença de mais tipos de sentimentos na vida de outros animais (Darwin, 2009; De Waal, 2021).

Figura 37: Sistema de ENCENAÇÃO INTERPESSOAL

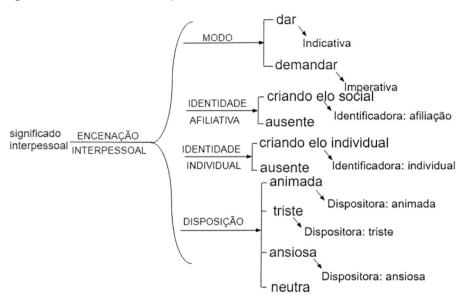

Fonte: Elaborada pelo autor

    Tendo esses sistemas apresentados, identificou-se uma simultaneidade entre os sistemas ideacionais e interpessoais, de forma a contradizer com as pesquisas atuais sobre protolíngua, que estabelecem que todos os sistemas semióticos de outras espécies animais são integrantes da Fase 1 da tipologia de Fases propostas. Cabe destacar que a teoria, em seu estado atual, propõe que foi a evolução da lexicogramática que propiciou a multifuncionalidade do sistema, durante a transição da Fase 2 para a Fase 3. O sistema abaixo ilustra essa multifuncionalidade.

Figura 38: Multifuncionalidade semiótica no sistema das orcas residentes

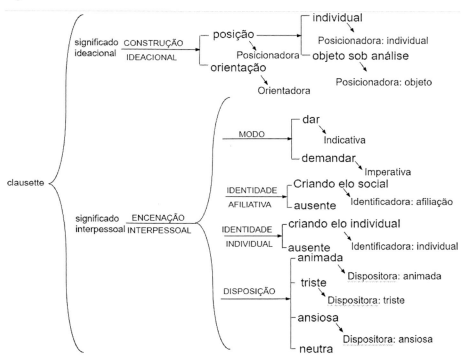

Fonte: Elaborada pelo autor

4.4 Proposta de estratificação

Os dados identificaram um plano do contexto no sistema semiótico das orcas residentes, composto tanto por gênero como registro. Ademais, sistemas linguísticos também foram identificados, com duas ordens da escala de ordens da semântica identificadas, a partir dos sistemas de AVALIATIVIDADE, NEGOCIAÇÃO e FUNÇÕES DISCURSIVAS.

Os sistemas propostos também apontam para uma multifuncionalidade que possivelmente aponta para uma estratificação do plano do conteúdo no sistema semiótico das orcas residentes. Dessa forma, proponho a seguinte estratificação:

Figura 39: Estratificação e relação de realização entre contexto e língua

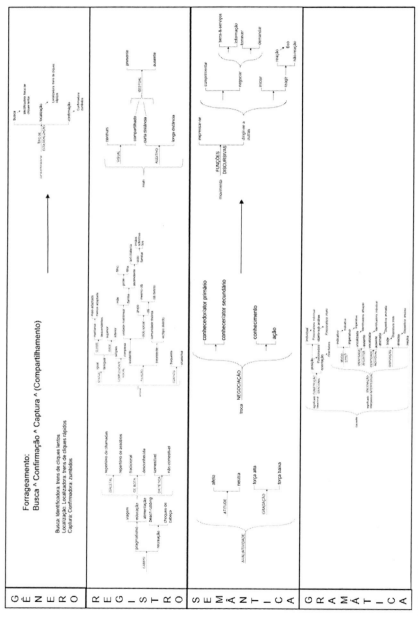

Fonte: Elaborada pelo autor

CONCLUSÕES

Este livro teve como objetivo investigar a possibilidade de sistemas conotativos (culturais/contextuais) e sistemas denotativos (linguísticos) na produção de significado das orcas residentes, a fim de fornecer uma descrição dos sistemas e oferecer subsídios para os Estudos da Tradução, introduzindo os conceitos de *criptossemiose* e *tradução interespecífica*. Ademais, a partir dessa descrição, objetivou-se contribuir com o aperfeiçoamento do conceito de protolíngua, que, até então, afirmava que os sistemas semióticos de todas as outras espécies seriam uma protolíngua: entre outras coisas, um sistema biestratal.

Para tal, lançou mão de dois métodos: inicialmente, o método bibliográfico, para ter acesso ao sistema semiótico em uso das orcas residentes, de forma a coletar 76 textos das áreas das ciências naturais que se debruçavam sobre orcas residentes e assuntos correlatos. Em seguida, o método de argumentação sistêmica, a partir do qual pôde analisar os dados coletados implementando as dimensões semióticas usadas para descrição de línguas humanas, a saber: estratificação e eixo, bem como a visão trinocular.

Após todos os dados coletados e análise dos dados, com a descrição de um gênero e o desenho de sistemas em três estratos, pode-se dizer que este livro cumpre os objetivos propostos, uma vez que demonstra a possibilidade de existência de um sistema semiótico denotativo não-humano que realiza um sistema conotativo, fato não-reconhecido até então na literatura. A partir dessa descrição, contribui-se com os Estudos da Tradução, uma vez que passa a oferecer subsídios para a prática tradutória, a partir de sistemas tanto contextuais como linguísticos e a partir dos conceitos teóricos de *criptossemiose* e *tradução interespecífica*.

No que tange a biossemiótica e cetologia, também atende os objetivos e obstáculos apresentados em sua introdução, tendo em vista que busca delinear o potencial de significado das orcas residentes sem partir de uma isomorfia com os sistemas humanos já conhecidos, bem como deixa de se limitar a elementos acústicos na descrição do sistema.

Nesse sentido, espera-se que este trabalho motive outros em várias direções, como, por exemplo, investigações mais aprofundadas que busquem a identificação de sistemas textuais na produção de significado das orcas, uma vez que são esses que possivelmente organizam a multifuncionalidade exibida acima – cabe destacar que sistemas textuais já foram identificados em outras espécies (Benson e Greaves, 2005). Algumas pesquisas parecem apontar que instâncias de significados textuais podem ser identificadas nas harmônicas das vocalizações das orcas (Riesch, Ford e Thomsen, 2008), porém uma análise mais detalhada é necessária para que tal possibilidade seja levantada.

Outra direção investigativa possivelmente frutífera se relaciona com o processo de transmissão cultural e a importância dos sistemas semióticos nesse processo (Halliday, 1978). Reconhecidamente, os sistemas semióticos das orcas, bem como as línguas humanas, mudam com o tempo e de uma forma consistente (Filatova *et al.*, 2015), de maneira a ser possível investigar em que medida o sistema semiótico a partir do qual esses animais produzem significados atua como o propagador da cultura deles. No que diz respeito à estratificação do plano do conteúdo, esta questão demanda uma série de outras investigações, a fim de falsificar os achados encontrados neste trabalho e expandi-los. Nesse sentido, Yurk (2005) segmenta chamadas pulsadas em elementos menores, possibilitando pesquisas que busquem identificar uma escala de ordens nos estratos do conteúdo abaixo da semântica-discursiva das orcas residentes.

Dito isto, cabe mais uma vez reforçar que este trabalho tratou as orcas residentes como um único ecótipo. Essa estratégia de pesquisa oferece os seus problemas, uma vez que, como dito acima, as variações de comportamento variam inclusive entre unidades matrilineares (Shields, 2019). Espera-se que os resultados dispostos aqui possam motivar futuras pesquisas que tenham *comunidades, clãs, grupos* e unidades matrilineares específicas como objetos de estudo, para que possamos aprofundar cada vez mais o nosso conhecimento sobre os significados que existem além do produzido pela espécie humana.

REFERÊNCIAS

AGRAWAL, A. A. **Phenotypic plasticity in the interactions and evolution of species.** Science 294:321–26, 2001.

ALLMAN, J. M. **Evolving Brains.** New York: Scientific American Library, 2000.

ALVES, L. **Uma proposta de descrição sistêmico-funcional das orações materiais do português brasileiro orientada para os estudos multilíngues.** 84f. Dissertação (Mestrado em Letras) - Programa de Pós-Graduação em Letras: Estudos da Linguagem da Universidade Federal de Ouro Preto, 2017.

ALYRIO, R. D. **Métodos e técnicas de pesquisa em administração.** Rio de Janeiro: Fundação CECIERJ, 2009.

ANDERSEN, T. H.; BOERIIS, M.; MAAGERØ, E.; TØNNESEN, E. S. **Social Semiotics**: Key Figures, New Directions: Routledge, 2015.

BAIRD, R. **Killer Whales** (Worldlife Library Special). Nova York: Voyageur Press, 2002.

BARRETT-LENNARD, L. **Population structure and mating patterns of killer whales (Orcinus orca) as revealed by DNA analysis.** Tese pela University of British Columbia, 2000.

BARRETT-LENNARD, L. Killer Whale Evolution: Populations, ecotypes, species, oh my. Whalewatcher (Journal of the American Cetacean Society) 40(1): 48-53, 2011.

BARROS, A. K. **Influência Linguística Cruzada na Perspectiva da Produção Multilíngue: Fatores que interferem na relação L1 ? L2 ? L3 ? Ln quando o português brasileiro é a L1.** 352f. Dissertação (Mestrado em Letras) - Programa de Pós-Graduação em Letras: Estudos da Linguagem da Universidade Federal de Ouro Preto, 2020.

BEGON, M.; TOWNSEND, C. R. & HARPER, J. L. **De indivíduos a ecossistemas.** 4. ED. Malden. Blackwell. 2006.

BEKOFF, M. **The emotional lives of animals**: A leading scientist explores animal joy, sorrow, and empathy–and why they matter. Novato, Calif: New World Library, 2007.

BENSON, J. D.; GREAVES, W.S. **Functional Dimensions of Ape-Human Discourse.** London: Equinox Pub., 2005.

BERWICK, R. C.; CHOMSKY, N. **Why Only Us**: Language and Evolution. Cambridge, MA: MIT Press, 2016.

BIGG, M.A.; OLESIUK, P.F.; ELLIS, G.M.; FORD, J.K.B.; BALCOMB, K.C.; **Social organization and genealogy of resident killer whales (Orcinus orca) in the coastal waters of British Columbia and Washington State**. RepInt Whal Comm Spec:383–405, 1990.

BOWLES, A. E.; YOUNG, W. G.; ASPER, E. D. **Ontogeny of Stereotyped Calling of a Killer Whale calf, Orcinus orca, during her First Year**, Rit Fiskid., 1988, vol. 11, p. 251–275, 1988.

BRITO, P. A. O. **O Acorveamento de Poe: um estudo sobre como tradição e tradução se inter-relacionam.** 121f. Dissertação (Mestrado em Letras) - Programa de Pós-Graduação em Letras: Estudos da Linguagem da Universidade Federal de Ouro Preto, 2014.

BRUYIN, P. J. N.; TOSH, C. A.; Terauds, A. **Killer whale ecotypes:** Is there a global model?. Biological Reviews. 88 (1): 62–80, 2013.

CAFFAREL, A.; MARTIN, J.; MATTHIESSEN, C. (ed.). **Language typology:** a functional perspective. Amsterdam/Filadélfia: John Benjamins Publishing Company, 2004.

CANDLAND, D. K. **Feral children and clever animals:** reflections on human nature. Oxford: Oxford University Press, 1993.

CARWARDINE, M. **Killer Whales.** London: BBC Worldwide. ISBN 978-0-7894-8266-2, 2001.

CARWARDINE, M. **Handbook of whales, dolphins and porpoises.** Bloomsbury Wildlife, 2019.

CATFORD, J. **A linguistic theory of translation:** an essay in applied linguistics. London: OxFord Univ., 1965.

CESCHIM, B.; OLIVEIRA, T.; CALDEIRA, A. M. Teoria Sintética e Síntese Estendida: uma discussão epistemológica sobre articulações e afastamentos entre essas teorias. **Filosofia e História da Biologia**, v. 11, n. 1, p. 1-29, 2016.

CONNOR, R. C.; WELLS, R.S.; MANN, J.;READ, A. J. **The bottlenose dolphIn: social relationships in a fission-fusion society.** *In:* Cetacean Societies, edited by J. Mann, R. C. Connor, P. L. Tyack, and H. Whitehead, 91–126. Chicago: University of Chicago Press, 2000.

COUSSI-KORBEL, S.; FRAGASZY, D. M. **On the relation between social dynamics and social learning**, Animal Behaviour, Volume 50, Issue 6, Pages 1441-1453, ISSN 0003-3472, https://doi.org/10.1016/0003-3472(95)80001-8, 1995.

DARWIN, C. **A origem das espécies**. Tradução de John Green. São Paulo: Martin Claret, 2005.

DAVIES, N. B.; KREBS, J. R.; WEST, S. A. **An Introduction to Behavioural Ecology** (4th ed.). Wiley-Blackwell, 2012.

DEACON, T. W. **The Symbolic Species**: the Co-Evolution of Language and the Brain. New York: W.W. Norton, 1997.

DEECKE, V. B.; FORD, J. K. B.; SPONG, P. **Dialect change in resident killer whales**: Implications for vocal learning and cultural transmission. Animal Behaviour, 60(5), 629–638, 2000.

DEECKE, V. B.; FORD, J. K. B.; SLATER, P. J. B. **The vocal behaviour of mammal--eating killer whales**: Communicating with costly calls. Animal Behaviour, 69(2), 395–405. https://doi.org/10.1016/j.anbehav.2004.04.014, 2005.

DOUPE, A.; J.; KUHL, P. K. **Birdsong and human speech: common themes and mechanisms**. Annu. Rev. Neurosci. 22, 567–631. (10.1146/annurev.neuro.22.1.567), 1999.

DOMMENGET, D.; M. LATIF. **Analysis of observed and simulated SST spectra in the midlatitudes**. Climate Dynamics 19:277–88, 2002.

DUNBAR, R. **Grooming, Gossip and the Evolution of Language**. Londo Faber and Faber, 1996.

EDELMAN, G. Bright air, brilliant fire: on the matter of the mind. New York: Basic Books; London: Allen Lane, 1992.

EGGINS, S.; MARTIN, J. R. **Genres and registers of discourse**. *In:* van DIJK, T. A. (ed.), Discourse as structure and process: Discourse studies: A multidisciplinary introduction, Vol. 1, p. 230–256). Sage Publications, Inc, 1997.

EGGINS, S.; SLADE, D. **Analysing Casual Conversation**. Londres: Cassell, 1997. 333 p.

EGGINS, S. **An introduction to systemic functional linguistics.** London: Pinter Publishers, 2004.

EGNOR, S. E.; HAUSER, M. D. **A paradox in the evolution of primate vocal learning.** Trends Neurosci. 27(11):649-54. doi: 10.1016/j.tins.2004.08.009. PMID: 15474164, 2004.

ESTES, J. A.; TINKER, M.T.; WILLIAMS, T.M.; DOAK, D. F. **Killer whale predation on seaotters linking oceanic and nearshore ecosystems.** Science 282:473–74, 1998.

EPLEY, N.; WAYTZ, A.; AKALIS, S.; CACIOPPO, J. T. **When we need a human:** Motivational determinants of anthropomorphism. Social Cognition, 26(2), 143-155, 2008.

FERNANDES, L.P. **Tim Burton's the Nightmare before Christmas VS. O estranho Mundo de Jack: A Systemiotic Perspective on the Study of Subtitling.** *In:* Cadernos de Tradução III v. 1, p. 215-254. Florianópolis: Universidade Federal de Santa Catarina, 1998.

FIGUEREDO, G. **Introdução ao perfil metafuncional do português brasileiro:** contribuições para os estudos multilíngues. 2011. 385 f. Tese (Doutorado em Linguística Aplicada) – Programa de Pós-Graduação em Estudos Linguísticos, Faculdade de Letras, Universidade Federal de Minas Gerais, Belo Horizonte, 2011.

FILATOVA, O,A.; FEDUTIN, I.D.; BURDIN, A,M.; HOYT, E. **The structure of the discrete call repertoire of killer whales Orcinus orca from Southeast Kamchatka.** Bioacoustics, 2007.

FIRTH, J. Papers in Linguistics – 1934-1951. Oxford: Oxford University Press. 1957.

FOLEY, W.A. **Anthropological Linguistics**: An Introduction. Oxford: Blackwell, 1997.

FORD, J. **A catalogue of underwater calls produced by killer whales (Orcinus orca) in British Columbia.** Canadian Data Report of Fisheries and Aquatic Sciences. 633. 1-165, 1987.

FORD, J.K.B. **Acoustic behaviour of resident killer whales (Orcinus orca) off Vancouver Island, British Columbia.** Can J Zool, 1989.

FORD, J. K. B. **Vocal traditions among resident killer whales (Orcinus orca) in coastal waters of British Columbia.** Can. J. Zool, 1991.

FORD, J. K. B; ELLIS G.M.; BALCOMB, K.C. **Killer whales:** the natural history and genealogy of Orcinus orca in the waters of British Columbia and Washington, 2nd edn. UBC Press, Vancouver, 2000.

FORD, M. J.; HANSON, M. B.; HEMPELMANN, J. A.; AYRES, K. L.; EMMONS, C. K.; SCHORR G. S.; BAIRD, R. W.; BALCOMB, K. C.; WASSER, S. K.; PARSONS, K. M.; BALCOMB-BARTOK, K. **Inferred Paternity and Male Reproductive Success in a Killer Whale (Orcinus orca) Population.** J Hered. Sep-Oct;/102(5):537-53, 2011.

FORD, J. K. B. **Killer Whale.** 10.1016/B978-0-12-373553-9.00150-4, 2009.

FUENTES, A.; VISALA, A. **Conversations on Human Nature.** 1. ed. London: Routledge, 2016.

GARDNER, S. **Systemic Functional Linguistics and Genre Studies.** *In:* BARTLETT, T.; O'GRADY, G. (ed.), The Routledge Handbook of Systemic Functional Linguistics. Routledge, 2017.

GERO, S.; GORDON, J.; WHITEHEAD, H. Calves as social hubs: dynamics of the social network within sperm whale units. Proc R Soc Lond B 280(1763):20131113. https://doi.org/10.1098/rspb.2013.1113, 2013.

GILBERT, S.; BOSCH, T.; LEDÓN-RETTIG, C. Eco-Evo-Devo: developmental symbiosis and developmental plasticity as evolutionary agents. **Nature Reviews Genetics**, v. 16, n. 10, p. 611-622, 2015.

GOWANS, S.; WÜRSIG, B.; KARCZMARSKI, L. **The social structure and strategies of delphinids: predictions based on an ecological framework**. Advances in Marine Biology, 2007.

GRIFFIN, D. R. **The Question of Animal Awareness:** Evolutionary Continuity of Mental Experience. Rockefeller University Press, 1976.

HAENTJENS, N. A. **Systemic Functional Linguistic (SFL) Approach to Animal Communication**. 72 f. Dissertação (Mestrado de Artes em Linguística e Literatura) – Programa de Pós Graduação da Ghent University, Bélgica, 2018.

HAIRSTON, N. G JR.; ELLNER, S.P.; GEBER, M.A.; YOSHIDA, T.; FOX, J.A. **Rapid evolution and the convergence of ecological and evolutionary time**. Ecol. Lett, 8, 1114–1127, 2005.

HALL, A.; MANABE, S. **Can local linear stochastic theory explain sea surface temperature and salinity variability?** Climate Dynamics 13:167–80, 1997.

HALLIDAY, M.A.K. **Syntax and the consumer**. Reprinted in Halliday, M.A.K. 2003. On Language and Linguistics. Volume 3 of Collected Works of M.A.K. Halliday. Edited by Jonathan Webster. London & New York, 1964.

HALLIDAY, M. A. K. **Language as social semiotic**: the social interpretation of language and meaning. London & Baltimore: Edward Arnold & University Park Press, 1978.

HALLIDAY, M. A. K. **An Introduction to Functional Grammar**. London: Edward Arnold, 1994.

HALLIDAY, M. A. K.; MATTHIESSEN, C. Construing experience as meaning: a language based approach to cognition. London: Cassell, 1999.

HALLIDAY, M. A. K. **Computational and quantitative studies**. London: Continuum. (The collected works of M. A. K. Halliday, v. 6), 2005.

HALLIDAY, M. A. K.; Matthiessen, C. M.I.M. **An introduction to functional grammar**. 4. ed. London: Routledge, 2014.

HASAN, R. **The Nursery Tale as a Genre**. Nottingham Linguistic Circular 13, 71-102. (Special Issue on Systemic Linguistics), 1984.

HASAN, R. **Ways of Meaning, Ways of Learning**: Code as an Explanatory Concept. British Journal of Sociology of Education, 23(4), 537–548, 2002.

HATIM, B.; MASON, I.; **Discourse and the Translator**. London/New York: Longman, 1990.

HATIM, B. **Teaching and researching translation**. Harlow: Longman, 2001.

HEYES, C. M. **Social learning in animals**: categories and mechanisms. Reviews 69:207–31, 1994.

HEYES, C. M. **What's social about social learning?** Journal of Comparative Psychology 126:193–202, 2012.

HJELMSLEV, L. **Prolegomena to a Theory of Language**. Madison, Wiscons*In:* University of Wisconsin Press, 1961.

HOF, P. R.; VAN DER GUCHT, E. Structure of the cerebral cortex of the humpback whale,Megaptera novaeangliae (Cetacea, Mysticeti, Balaenopteridae). The Anatomical Record: Advances in Integrative Anatomy and Evolutionary Biology, 290(1), 1–31. doi:10.1002/ar.20407, 2007.

HOUSE, J. **Translation Quality Assessment**. A Model Revisited. Tübingen: Narr, 1997.

HOUSE, J. **Translation as communication across languages and cultures**. Oxon and New York: Routledge, 2016.

HUGHES, A. U. & RILEY, H. **The Multi-modal Matrix**: Common Semiotic Principles in the Modes of Narrative Film. Proceedings of the10th World Congress of the International Association for Semiotic Studies (IASS). University of La Coruna: IASS, 2009.

IMMELMAN, K. **Introduction to ethology**. New York: Plenum Press, 1980.

INCHAUSTI, P.; HALLEY, J. **The long-term temporal variability and spectral colour of animal populations**. Evolutionary Ecology Research 4:1033–48, 2002.

IVIR, V. **Translation theory and intercultural relations.** Poetics today, Vol. 2, No. 4, (Summer-Autumn, 1981), p. 51-59.

JABLONKA, E.; LAMB, M. **Evolution in four dimensions**, revised edition: Genetic, epigenetic, behavioral, and symbolic variation in the history of life. MIT press, 2014.

JAKOBSON, R. **On Linguistic Aspects of Translation**. *In:* On Translation, R. Brower (ed.), 232–239. Cambridge, Mass, 1959.

JANIK, V. M.; SLATER, P. J. B. **Vocal learning in mammals**. Advances in the Study of Behavior 26:59–99, 1997.

JANIK, V. M.; SLATER, P. J. B. **Context specific use suggests that bottlenose dolphin signature whistles are cohesion calls**. Animal Behaviour 56:829–38, 1998.

JANIK, V.M. **Acoustic communication in delphinids.** AdvStud Behav, 2009.

JONES, I. M. **A Northeast Pacific Offshore Killer Whale (Orcinus Orca) Feeding On A Pacific Halibut (Hippoglossus Stenolepis)**. Marine Mammal Science, 22(1), 198–200. doi:10.1111/j.1748-7692.2006.00013.x, 2006.

KENDAL, J; TEHRANI, J.; ODLING-SMEE, J. Human niche construction in interdisciplinary focus. Philosophical Transactions of the Royal Society B: **Biological Sciences**, v. 366, n. 1566, p. 785-792, 2011.

KOGUT, L. G. **O perfil metafuncional do texto argumentativo no jogo RPG de mesa**. 108f. Dissertação (Mestrado em Letras) - Programa de Pós-Graduação em Letras: Estudos da Linguagem da Universidade Federal de Ouro Preto, 2017.

LALAND, K.; ODLING-SMEE, J.; FELDMAN, M. Niche construction, biological evolution, and cultural change. **Behavioral and brain sciences**, v. 23, n. 1, p. 131-146, 2000.

LALAND, K. N.; Brown, G. R. **Sense and Nonsense**: Evolutionary Perspectives on Human Behaviour. 2nd ed. Oxford: Oxford University Press, 2011.

LALAND, K.; ULLER, T.; FELDMAN, M.; STERELNY, K.; MULLER, G.; MOCZEK, A.; JABLONKA, E.; ODLING-SMEE, J. The extended evolutionary synthesis: its structure, assumptions and predictions. Proceedings of the royal society B: **Biological sciences**, v. 282, n. 1813, p. 20151019, 2015.

LEMKE, J. **Semiotics and education**. Toronto: Toronto Semiotic Circle, 1984.

LEMKE, J. Text Production and Dynamic Text Semantics. *In:* VENTOLA, E. (ed.). Functional and Systemic Linguistics: Approaches and Uses. 23-38. Berl*In:* Mouton/de Gruyter, 1991.

LEMKE, J. L. **New Challenges for Systemic-functional Linguistics**: Dialect Diversity and Language Change. Network 18: 61–8, 1992.

LEMKE, J. Discourse, Dynamics, and Social Change. Cultural Dynamics, v.6, n. 1, p. 243-275, 1993.

LEVINS, R.; LEWONTIN, R. **The dialectical biologist**. Harvard University Press, 1985.

KIM, M.; MUNDAY, J.; WANG, Z.; WANG, P. **Systemic Functional Linguistics and Translation Studies**. London: Bloomsbury, 2021.

KRESS, G.; VAN LEEUWEN, T. **Reading Images**. The Grammar of Visual Design, London, Routledge, 1996.

MALHEIROS, P. S. [UNESP]. **A Questão Da Unidade E Da Diversidade Nas Obras De Bronislaw Malinowski E Clifford Geertz**. 2004.

MALINOWSKI, B. **The group and the individual in functional analysis**. American Journal of Sociology, 44(6), 938–964, 1939.

MALINOWSKI, B. **A Scientific Theory of Culture, and Other Essays**. University of North Carolina Press, 1944.

MANN, J. **Deep Thinkers**: Inside the Minds of Whales, Dolphins, and Porpoises. University of Chicago Press, Chigago, 2017. 192 p.

MARINO, L.; SHERWOOD, C. C.; DELMAN, B. N.; TANG, C. Y.; NAIDICH, T. P.; HOF, P. R. **Neuroanatomy of the killer whale (Orcinus orca) from magnetic resonance imaging**. The Anatomical Record, 2004.

MARINO, L.; CONNOR, R.C.; FordYCE, R.E.; HERMAN, L.M.; HOF, P.R.; LEFEBVRE L *et al.* **Cetaceans Have Complex Brains for Complex Cognition**. PLoS Biol, 2007.

MARLER, P.; PETERS, S. **Developmental overproduction and selective attrition**: new processes in the epigenesis of birdsong. Devl Psychobiol. 15, 369-378, 1982.

MARLER, P. **Animal communication and human language**, in The Origin and Diversification of Language, eds Jablonski N., Aiello L. (San Francisco, CA: California Academy of Sciences), 1–19, 1998.

MARTEN, K; PSARAKOS, S. **Using self-view television to distinguish between self-examination and social behavior in the bottlenose dolphin (Tursiops truncatus). Consciousness and Cognition** 4:205–24. [aLR], 1995.

MARTIN, J. R. **English Text**: System and structure. Amsterdam: John Benjamins Publishing Company, 1992.

MARTIN, J.R. **Beyond exchange: appraisal systems in English.** *In:* Evaluation in Text: authorial stance and the construction of discourse, ed. S Hunston and G Thompson, 142–175. OxFord: OxFord University Press, 2000.

MARTIN, J.R.; ROSE, D. **Genre relations**: mapping culture. London: Equinox, 2008.

MARTIN, J.R. **Realisation, instantiation and individuation: some thoughts on identity in youth justice conferencing**. DELTA - Documentação e Estudos em Linguística Teórica e Aplicada 25: 549–583, 2009.

MARTIN, J. **Systemic functional grammar**: a next step into the theory – axial relations. Beijing: Higher Education Press, 2013.

MATTHIESSEN, C. M. I. M. **The evolution of language**: A systemic functional exploration of phylogenetic phases. *In:* WILLIAMS, G.; LUKIN, A. (ed.), The development of language: Functional perspectives on species and individuals (p. 45–90). London: Continuum.

MATTHIESSEN, C.M.I.M. **The "architecture" of language according to systemic functional theory**: Developments since the 1970s. *In:* HASAN, R., MATTHIESSEN, C.M.I.M., WEBSTER, J. (ed.), Continuing discourse on language (Vol. 2, p. 505–561). London: Equinox, 2007.

MATTHIESSEN, C.M.I.M.; TERUYA, K.; WU, C. **Multilingual studies as a multi-dimensional space of interconnected language studies**. *In:* WEBSTER, J. (ed.). Meaning in Context: implementing intelligent applications of language studies. London and New York: Continuum, 2008.

MATTHIESSEN, C. M. I. M. **Register in systemic functional linguistics**. Register Studies, 2019.

MAYR, E. **O que é a evolução**. Rio de Janeiro: Rocco, 2009. 342 p.

MCGOWEN, M. R.; SPAULDING, M.; GATESY, J. **Divergence date estimation and a comprehensive molecular tree of extant cetaceans**. Mol Phylogenet Evol. 2009 Dec;53(3):891-906. doi: 10.1016/j.ympev.2009.08.018. Epub 2009 Aug 21. PMID: 19699809, 2009.

MEIJER, E. Animal Languages: **The secret conversations of the living world**, 2018.

NESBITT, C.; PLUM, G. **Probabilities in a systemic functional grammar**: the clause complex in English. *In:* FAWCETT, R.; YOUNG, D. (ed.). New Developments in Systemic Linguistics, Volume 2: Theory and Applications. London: Frances Pinter, 1988.

NEUMANN, S. **Contrastive Register Variation. A Quantitative Approach to the Comparison of English and German**. Habilitationsschrift. Saarbrücken: Philosophische Fakultät II, Universität des Saarlandes, 2008.

NEUMANN, S. **Register-induced properties of translation**. *In:* HANSEN-SHIRRA, S.; NEUMANN, S.; STEINER, E. (ed.) Cross-linguistic corpora for the study of translations: Insights from the language pair English-German. Berl*In:* de Gruter, 2012.

O'BRIEN, M.; LALAND, K. Genes, culture, and agriculture: An example of human niche construction. **Current Anthropology**, v. 53, n. 4, p. 434-470, 2012.

ODLING-SMEE, J.; LALAND, K.; FELDMAN, M. **Niche construction**: the neglected process in evolution. Princeton university press, 2003.

ODLING-SMEE, J; LALAND, K. Ecological inheritance and cultural inheritance: What are they and how do they differ? **Biological Theory**, v. 6, p. 220-230, 2011.

OLIVEIRA, P. Z. L. V **Uma análise de perfis de competência tradutória e sua influência sobre o processo de tradução no par linguístico Libras-português.**. 150f. Dissertação (Mestrado em Letras) - Programa de Pós-Graduação em Letras: Estudos da Linguagem da Universidade Federal de Ouro Preto, 2019.

OLIVEIRA, F. S. **Decoding manuals: perfilação multilígue no par linguístico inglês/português brasileiro.** Trabalho de Conclusão de Curso da Universidade Federal de Ouro Preto, 2015.

O'TOOLE, M. **A Systemic-Functional Semiotics of Art.** Semiotica, 82 (3/4), 185-210, 1990.

O'TOOLE, M. **The Language of Displayed Art** (2nd ed.), London, Routledge, 2011.

PAGANO, A.; VASCONCELLOS, M. L. **Explorando interfaces**: estudos da tradução, linguística sistêmico-funcional e linguística de córpus. *In:* ALVES, F., MAGALHÃES, C., PAGANO, A. (org.). Competência em tradução: cognição e discurso. Belo Horizonte: Editora da UFMG, 2005. p. 177-207.

PAINTER, C. **Into the Mother Tongue**: A Case Study in Early Language Development. London: Pinter, 2004.

PARSONS, K. M.; BALCOMB, K. C.; FORD, J. K. B.; DURBAN, J. W. **The social dynamic of southern resident killer whales and conservation implications for this endangered population.** Anim. Behav. 77, 963–971. doi: 10.1016/j.anbehav, 2009.

PAULA, A. A. **Orações Verbais - Uma Descrição Sistêmico-Funcional dos Processos de Representação do Dizer no Português brasileiro.** 104f. Dissertação (Mestrado em Letras) - Programa de Pós-Graduação em Letras: Estudos da Linguagem da Universidade Federal de Ouro Preto, 2017.

PIGLIUCCI, M.; MULLER, G. **Evolution–the extended synthesis.** MIT Press, 2010.

PITMAN, R. L.; ENSOR, P. **Three forms of killer whales (Orcinus orca) in Antarctic waters.** Journal of Cetacean Research and Management. 5 (2): 131–139, 2003.

POTTS, R. **The hominid way of life**, in The Cambridge Encyclopedia Human Evolution, eds S. Jones, R. Martin and D. Pilbeam. Cambridge: Cambridge University Press, 1992.

PRICHARD, A.; COOK, P. F.; SPIVAK, M.; CHHIBBER, R., & BERNS, G. S. **Awake fMRI Reveals Brain Regions for Novel Word Detection in Dogs.** Frontiers in Neuroscience, 12, 2018.

RAUCHFLEISCH, A.; KAISER, J. **The False positive problem of automatic bot detection in social science research.** PLoS ONE 15(10): e0241045. https://doi.org/10.1371/journal.pone.0241045, 2020.

RENDELL, L.; WHITEHEAD, H. **Culture in whales and dolphins**. Behavioral and Brain Sciences, 24(2), 309-324. doi:10.1017/S0140525X0100396X, 2001.

REHN, N.; FILATOVA, O.; DURBAN, J.; FOOTE, A. **Cross-cultural and cross-e-cotype production of a killer whale 'excitement' call suggests universality**. Die Naturwissenschaften. 98. 1-6. 10.1007/s00114-010-0732-5, 2010.

RIESCH, R,; BARRETT-LENNARD, L. G.; ELLIS, G. M.; FORD, J. K. B.; DEECKE, V. B. **Cultural traditions and the evolution of reproductive isolation**: ecological speciation in killer whales? Biological Journal of the Linnean Society, v. 106, n. 1, p. 1-17, 2012.

ROPER, T. J. **Cultural evolution of feeding behaviour in animals**. Science Progress 70:571–83. [aLR, SMR, 1986.

ROSE, D. **A systemic functional approach to language evolution**. Cambridge Archaeological Journal 16 (01): 73–96, 2006.

ROSE, D. **Selecting & Analysing Texts**. 1. ed. [S. l.]: Reading to Learn. 46 p. v. 2, 2019.

SAUSSURE, F. Curso de Linguística Geral. Editora cultrix, 1971.

SAYIGH, L. S. **Cetacean acoustic communication**, in Biocommunication of Animals, ed. G. Witzany (Dordrecht: Springer Netherlands), 275–297, 2014.

SEWALL, K.B. **Social Complexity as a Driver of Communication and Cognition, Integrative and Comparative Biology**, Volume 55, Issue 3, p. 384–395, https://doi.org/10.1093/icb/icv064, 2015.

SHAPIRO, A. **Orchestration**: the movement and vocal behavior of free-ranging Norwegian killer whales (Orcinus orca), 2008.

STEINER, E. **A register-based translation evaluation**. Target 10 (2): 291–318, 1998.

STEINER, E. **An extended register analysis as a form of text analysis for translation**. *In:* Modelle der Translation – Models of Translation, Gerd Wotjak and Heide Schmidt (ed.), 235–253. Frankfurt a. M.: Vervuert, 1997.

STEINER, E. **Halliday's Contributions to a Theory of Translation**. *In:* The Bloomsbury Companion to M. A. K. Halliday (Bloomsbury Companions) (p. 412). Bloomsbury Publishing, 2015.

STEELE, J. H. **A comparison of terrestrial and marine ecological systems**. Nature 313:355–58, 1985.

SVENSSON, E. I.; ABBOTT, J. **Evolutionary dynamics and populationbiology of a polymorphic insect**. Journal of evolutionary biology, 18(6), 1503-1514, 2005.

TAGLIALATELA, J.P.; SAVAGE-RUMBAUGH, S.; RUMBAUGH, D.M.; BENSON, J.; GREAVES, W. **Language, Apes and Meaning-Making.** *In:* The Development of Language: Functional Perspectives on Species And Individuals, 91-112. Continuum, 2004.

TERUYA, K.; MATTHIESSEN, C. M. I. M. **Halliday in relation to language comparison and typology.** *In:* WEBSTER, J.J. (ed.), The Bloomsbury companion to M.A.K. Halliday. London: Bloomsbury. 427-452, 2015.

TREMBLAY, YANN.; CHEREL, YVES. **Geographic variation in the foraging behaviour, diet and chick growth of Rockhopper Penguins**. Marine Ecology--progress Series - MAR ECOL-PROGR SER. 251. 279-297. 10.3354/meps251279, 2003.

THIBAULT, P. J. **Agency, Individuation and Meaning-making**: Reflections on an Episode of Bonobo-Human Interaction. *In:* The Development of Language: Functional Perspectives on Species And Individuals, 91-112. Continuum, 2004.

TYACK, P. L.; SAYIGH, L. S. **Vocal learning in cetaceans.** *In:* SNOWDON C. T.; HAUSBERGER, M. (ed.), Social influences on vocal development (p. 208–233). Cambridge University Press. https://doi.org/10.1017/CBO9780511758843.011, 1997.

UEXKÜLL, von T. **Jakob von Uexküll's The Theory of Meaning**. Trad. inglesa de Thure von Uexküll. Semiotica 42 (1), 1982.

UEXKÜLL, von T. **A teoria da Umwelt de Jakob von Uexüll**. Galáxia, 7, 19-48, 2004.

UHEN, M. D. **The origin(s) of whales**. Annual Review of Earth and Planetary Sciences 38:189–219, 2010.

VAN OPZEELAND, I.; CORKERON, P.; LEYSSEN, T.; SIMILÄ, T.; VAN PARIJS, S. Acoustic Behaviour of Norwegian Killer Whales, Orcinus orca, During Carousel and Seiner Foraging on Spring-Spawning Herring. **Aquatic Mammals**. 31. 110-119. 10.1578/AM.31.1.2005.110., 2005.

WEISS, B.; SYMONDS, H.; SPONG, P.; LADICH, F. Intra- and intergroup vocal behavior in resident killer whales, Orcinus orca. **The Journal of the Acoustical Society of America**. 122. 3710-6. 10.1121/1.2799907, 2008.

WEISS, B. M.; LADICH, F.; SPONG, P.; SYMONDS, H. **Vocal behavior of resident killer whale matrilines with newborn calves**: the role of family signatures. J Acoust Soc Am Jan;119(1):627-35. doi: 10.1121/1.2130934. PMID: 16454316, 2006.

WILBRECHT, L.; NOTTEBOHM, F. **Vocal Learning in Birds and Humans.** Mental Retardation and Developmental Disabilities Research Reviews, 9(3), 135–148. https://doi.org/10.1002/mrdd.10073, 2003.

WILLIAMS, G. LUKIN, A. **The Development of Language: Functional Perspectives on Species And Individuals.** Continuum, 2004.

WILLIAMS, R.; LUSSEAU, D. **A killer whale social network is vulnerable to targeted removals.** Biol Lett. 22;2(4):497-500. doi: 10.1098/rsbl.2006.0510. PMID: 17148272; PMCID: PMC1834010, 2006.

WHITE, T. I. **In Defense of Dolphins:** The New Moral Frontier. Malden, MA: Blackwell, 2007.

WHITEHEAD, H.; RENDELL, L. **The Cultural Lives of Whales and Dolphins.** Chicago: University of Chicago Press, 2014.

WHORF, B. L. **Language, thought, and reality.** Cambridge: MIT, 1987.

YURK, H.; BARRETT-LENNARD, L.FORD, J. K. B.; MATKIN, C. O. **Cultural transmission within maternal lineages:** vocal clans in resident killer whales in southern Alaska, Animal Behaviour, Volume 63, Issue 6, Pages 1103-1119, ISSN 0003-3472, https://doi.org/10.1006/anbe.2002.3012., 2002.

YURK, H. **Vocal culture and social stability in resident killer whales (Orcinus orca) (T).** University of British Columbia. Retrieved from https://open.library. ubc.ca/collections/ubctheses/831/items/1.0074875, 2005.

ÍNDICE REMISSIVO

A

agnação 77, 88, 104-106, 108, 110-112, 117, 118

ambiente 24, 27, 28, 31-35, 40, 41, 83-85, 95, 102, 104, 105

animais 13-16, 18-20, 23, 25-29, 31-46, 61, 67, 68, 71, 74, 80, 82, 84, 89, 90, 93, 95, 96, 98, 99, 101, 105, 106, 113, 115, 119, 120, 124

aprendizagem vocal 23, 37-40

argumentação axial 21, 88

assobios 29, 41-43, 90-95, 97, 99, 105, 108, 111, 114, 116, 117

avaliatividade 112, 114, 116, 121

B

baleias 24

baleias assassinas 10

biologia 24, 37, 67, 81, 83, 86, 87, 114

Biossemiótica 14, 19, 87, 123

C

campo 13, 17, 43, 48, 68, 90, 93, 95, 96, 98, 99, 108-110

capacidades comunicativas 15

cérebros 14, 15, 19, 35, 41, 65

cetáceos 24, 25, 28, 32, 34, 35, 37, 40, 41, 89

Cetologia 14, 19, 31, 37, 87, 123

Ch

chamadas pulsadas 41-43, 45, 90, 92, 94-96, 98, 99, 108, 111, 119, 124

C

clã 25, 29-31, 45, 105

cliques 41, 42, 90, 91, 102, 103

comunidade 25, 29-32, 43, 45, 47, 68, 93, 105

construção ideacional 118, 119

contexto 13-21, 23, 26, 37, 44, 46-51, 63, 70, 71, 73-75, 78, 80, 83, 86-89, 93, 94, 96-99, 101, 118, 121, 122

cooperação 26, 27, 39

criptossemiose 13, 80, 81, 123

cuidado parental 14, 65, 66

cultura 13, 14, 17, 18, 20, 26, 27, 33, 34, 36, 40, 46-48, 50, 51, 72, 78, 80, 84-86, 88, 124

D

de funções discursivas 117, 118

delicadeza 54, 77, 103, 106, 107, 110, 118, 119

descrição 13, 18, 21, 23, 27, 28, 37, 51, 62, 78, 87, 88, 102, 123

desenvolvimento linguístico 14, 15, 60, 62, 64, 68

dialetos 28-30, 38, 39, 43-45, 98

E

ecótipo 14, 15, 23-25, 36, 45, 105, 124

eixo paradigmático 23, 50, 53

eixo sintagmático 53

encenação interpessoal 119, 120

ENCENAÇÃO INTERPESSOAL 119, 120

equação do Ruído Rosa 33

espécie 13, 14, 19, 20, 23-25, 28, 29, 31, 33, 34, 38-40, 43, 45, 47, 59, 68, 70, 71, 77, 80-82, 91, 94, 98, 114, 117, 124

estratificação 16, 21, 26, 49, 50, 71, 77, 88, 89, 94, 121-124

estratos 15, 26, 46, 68, 71, 72, 74, 123, 124

estratos do conteúdo e expressão 15, 26, 68, 71

estudos contrastivos de gêneros 17

Estudos da Tradução 13, 14, 17, 18, 21, 23, 46, 50, 51, 87, 123

evolução 14, 20, 23, 24, 28, 33, 34, 40, 46-48, 58, 60, 61, 63-67, 70, 72, 77, 78, 81-86, 120

evolução linguística 14, 23, 58, 61

F

fato biológico 26, 36

filogênese 60

filogenia 14, 15, 60-63

FORRAGEAMENTO 13, 89-96, 98, 99, 101-104

G

gênero 13, 15, 17, 18, 21, 23, 26, 46, 48, 50, 51, 64, 65, 70, 71, 74, 79, 88-94, 101-103, 121, 123

gêneros 13, 14, 16-18, 27, 48, 51, 72, 78, 89, 93, 96

golfinhos 24, 32, 33, 41

grupo 23, 25-27, 29-32, 35, 39, 40, 43-45, 70, 91-93, 96, 97, 99, 104-106, 110, 111, 114, 117, 119

H

habitat 23, 24, 26, 31, 36

hipótese metafuncional 50

humanos 15, 18-20, 26, 31, 33-40, 45, 60, 61, 63, 65, 66, 68, 70, 71, 80-82, 85, 123

L

lexicogramática 46, 63, 72, 73, 75, 77, 88, 117, 120

língua 13-20, 23, 26, 37, 39, 40, 43, 47-53, 58-60, 63, 67-81, 88, 94, 122

língua humana 16, 19, 26, 37, 39, 59, 63, 67-69, 71, 72, 77, 80

linguística 13-15, 17, 18, 21, 23, 37, 51, 52, 58, 61, 68, 73, 80, 87, 88

Linguística Sistêmico-Funcional 13, 21, 88

LSF 13, 14, 17, 20, 21, 23, 27, 46, 50-54, 58, 59, 62, 69, 73, 74, 76, 77, 79, 88, 94

M

matrilinear 25, 28, 30, 44, 93, 97, 104-106, 112

metafunção 21, 49, 50

metafunção ideacional 50

metafunção interpessoal 50

metafunção textual 50

método de argumentação sistêmica 21, 123

método de pesquisa bibliográfica 20, 87, 94

modo 17, 24, 41, 42, 48, 74, 99, 107, 119

N

NEGOCIAÇÃO 90, 112-114, 117, 119, 121

O

oceanos e mares do mundo 23, 31

odontocetos 28, 35, 41

ontogênese 60

ontogenia 14, 15, 37, 60-64, 83, 104

opções linguísticas 18

orcas 13-16, 19-21, 23-37, 40-46, 59, 67, 71, 74, 76, 80, 81, 85, 87-99, 101, 103-108, 111-115, 117-119, 121, 123, 124

orcas residentes 16, 21, 23-26, 28-30, 37, 42, 45, 46, 59, 71, 74, 76, 80, 87, 89, 95, 98, 103-106, 112, 115, 117, 121, 123, 124

orcas residentes, transitórias e oceânicas 24

orcinus orca 14

organização sistêmica 24

P

pacífico norte 21, 42, 87

perspectiva cosmogenética 60, 61

perspectiva sistêmico-funcional 16, 18, 20, 53, 68

perspectiva sociossemiótica 20

plano do contexto 16, 23, 26, 46, 71, 89, 94, 101, 118, 121

potencial de significado 14, 20, 23, 53, 60-63, 69, 70, 72, 88, 113, 123

prática tradutória 17, 18, 50, 123

pressões seletivas 20, 24, 31, 59, 63, 81, 84, 95

protolíngua 15, 21, 23, 58, 59, 63, 67-69, 71, 74, 80, 81, 120, 123

R

realização 16, 17, 27, 40, 47, 50, 51, 71, 78, 81, 102, 119, 122

recapitulação 60, 61

rede de sistemas 23, 51, 77, 119

registro 13, 15, 17, 18, 23, 26, 46, 48-51, 70-72, 74, 88-90, 94, 95, 98, 101, 103, 107, 109, 121

registros 13, 14, 17, 18, 48, 49, 51, 78

relações sociais 14, 42, 47, 50, 65, 90

repertório acústico 29

S

seleção natural 24, 33, 82-85

semântica 15-17, 46, 88, 121

semiose 47, 71

significados 13, 14, 16, 17, 20, 37, 41, 42, 48, 50, 63, 68, 69, 73, 76-80, 85, 94, 105, 109, 111, 116, 118, 119, 124

significados interpessoais 14

signos 52, 53, 75, 77

sintaxe 20, 71, 73

Síntese Estendida da Evolução 81

sintonia 17, 48, 90, 93-96, 98, 103, 104

sistema 13-16, 19-21, 23, 26, 28, 31, 36, 37, 39, 40, 44, 46-48, 50-57, 59, 60, 62, 66, 68-81, 84, 87, 88, 101-121, 123, 124

sistema que produz significados 13

sistema semiótico 13-16, 19, 20, 23, 26, 36, 37, 40, 47, 48, 53, 59, 60, 62, 66, 68, 69, 71, 74, 77, 78, 80, 81, 87, 106, 108, 121, 123, 124

sistema semiótico biestratal 15

sistema semiótico de quarta ordem superior 59

sistema semiótico linguístico-cultural 16

sistemas conotativos 51, 75, 87, 123

sistemas contextuais 18

sistemas culturais 13, 89

sistemas culturais e linguísticos 13, 89

sistemas denotativos 123
sistemas linguístico-culturais 16, 21, 40, 81
sistemas sociais 14, 39, 98
SOCIALIZAÇÃO 89, 92-96, 110, 112, 115
sociedade 17, 27, 78, 89, 104

T
tradução 13, 14, 17-19, 21, 23, 46, 50, 51, 80, 81, 87, 88, 123
tradução interespecífica 13, 21, 80, 81, 87, 123
Teoria da Construção de Nicho 84
Teoria Sintética da Evolução 81

U
unidades matrilineares 28, 29, 31, 44-46, 93, 95, 97, 104, 111, 112, 124

V
valeur 52, 53, 77, 81
variação de natureza funcional 13
variáveis do registro 13, 17, 48, 94
VIAGEM 40, 89, 93, 95, 96, 98, 99, 110
visão trinocular 21, 88, 123